Frank Lassak

FLY GREEN

ALTERNATIVE ANTRIEBE,
NEUE FLUGZEUGMUSTER,
SYNTHETISCHE
TREIBSTOFFE

NACHHALTIGE LUFTFAHRT

ZERO emission aircraft

Frank Lassak

FLY GREEN

ALTERNATIVE ANTRIEBE, NEUE FLUGZEUGMUSTER, SYNTHETISCHE TREIBSTOFFE

NACHHALTIGE LUFTFAHRT

In Zusammenarbeit mit DLR

Motor buch Verlag

Wo nicht anders vermerkt, stammen
die Bilder aus dem Archiv des Autors.

Einbandgestaltung: schreiberVIS, Seeheim

Eine Haftung des Autors oder des Verlages und seiner
Beauftragten für Personen-, Sach- und Vermögensschäden
ist ausgeschlossen.

ISBN: 978-3-613-04526-2

Sie finden uns im Internet unter:
www.motorbuch-verlag.de

1. Auflage 2023

Lektorat: Günther Nord
Layout, Satz und Prepress: schreiberVIS, Seeheim
Druck und Bindung: PBtisk a.s. Pribram,
Printed in Czech Republic

Inhalt

Auf dem Weg zum klimaverträglichen Fliegen

Die Luftfahrt ist ein fester Bestandteil unseres gesellschaftlichen Lebens, unserer globalen Mobilität. Sie trägt zum Austausch der Kulturen bei, fördert unseren Wohlstand und ist ein wichtiger Wirtschaftsfaktor. Diesen vielfältigen Wert gilt es im Angesicht des Klimawandels und aktueller Krisen zu erhalten. Neue Luftfahrt-Technologien und Betriebskonzepte sind der Schlüssel zum Erfolg für eine neue klimaverträgliche Art des Fliegens.

Schon in den vergangenen Jahrzehnten gab es deutliche technologische Fortschritte bei der Verringerung von Emissionen im Luftfahrtbereich. Der Kraftstoffverbrauch je Flugzeug sank nach Angaben der International Civil Aviation Organization (ICAO) seit 1990 um rund zwei Drittel – ein positiver Effekt, der allerdings durch das globale Wachstum des Luftverkehrs wieder aufgezehrt wurde.

Mittlerweile beträgt der Anteil der globalen Luftfahrt an der bisherigen menschengemachten Klimaerwärmung rund 3,5 Prozent. Die Forscherinnen und Forscher bewerten dabei alle Faktoren, die die Luftfahrtindustrie seit ihrem Entstehen zum Klimawandel beigetragen hat, einschließlich der Emissionen von Kohlendioxid (CO_2), Stickoxiden (NO_X), Aerosolen, Ruß sowie der resultierenden Wirkung von Kondensstreifen. Bis 2018 emittierte die globale Luftfahrt etwa 32,6 Milliarden Tonnen CO_2, was rund 1,5 Prozent der bisher von der Menschheit freigesetzten CO_2-Emissionen seit Beginn des industriellen Zeitalters Mitte des 19. Jahrhunderts entspricht. Dieses CO_2 ist allerdings nur für ein Drittel der Klimawirkung des Luftverkehrs verantwortlich. Rund zwei Drittel entfallen auf die weiteren, zuvor genannten Flugzeugemissionen, die als Nicht-CO_2-Effekte zusammengefasst werden. Dabei sind Kondensstreifen und daraus resultierende Kondensstreifen-Zirren der bedeutendste Faktor.

Die besonders klimawirksamen Kondensstreifen und Kondensstreifen-Zirren konzentrieren sich räumlich und zeitlich auf einige wenige Lufträume und Tageszeiten hinsichtlich ihrer erwärmenden Wirkung auf die Atmosphäre. Dennoch verursachen sie den größten negativen Einfluss der Luftfahrt auf das Klima. Schaffen wir es weltweit, diese klimasensitiven Bereiche mit optimierten Flugrouten zu vermeiden, können wir das Fliegen schnell spürbar klimaverträglicher gestalten. In wesentlichen Teilen des internationalen Luftverkehrs ließe sich ein flexibleres, klimaschonenderes Routing vergleichsweise leicht anwenden. Die Betriebskosten, das zeigen Studien des Deutschen Zentrums für Luft- und Raumfahrt (DLR), stiegen dadurch nur um ein bis zwei Prozent. Die schädlichen Auswirkungen auf das Klima fielen gleichzeitig um bis zu 45 Prozent.

Deutlich langfristiger müssen wir bei den CO_2-Emissionen denken. Da das Treibhausgas Kohlenstoffdioxid mehr als 100 Jahre in der Erdatmosphäre verweilt, wirken sich die bisherigen Emissionen der Luftfahrt bereits langfristig unumkehrbar auf die Erderwärmung aus und tragen zum Klimawandel bei. Berücksichtigt man die Tatsache, dass die Hälfte des gesamten kumulativen CO_2-Ausstoßes der Luftfahrt allein in den vergangenen 20 Jahren – vor allem durch das enorme Wachstum in Asien – freigesetzt wurde, wird deutlich, wie akut wir neue klimafreundliche Technologien entwickeln müssen. Neue revolutionäre Technologien sind dringend notwendig, um das Wachstum der Luftfahrt in den nächsten 20 Jahren von den Emissionen zu entkoppeln. Eine umfassende Transformation der Branche ist für die kommenden Jahrzehnte unausweichlich, um die Klimaziele der Vereinten Nationen auch für die Luftfahrt bis Mitte des 21. Jahrhunderts zu erreichen. In Europa ist dieses Ziel nachdrücklich im European Green Deal verankert.

Die Vision der DLR-Forschung dazu ist eine emissionsfreie Luftfahrt. Tatsächlich kann nur die konsequente Nutzung aller wissenschaftlichen und technologischen Möglichkeiten zum Ziel führen, Emissionen radikal zu reduzieren, um umweltverträglicher zu fliegen. Dabei gibt es nicht den einen Königsweg. Das Luftfahrtsystem muss vielmehr an vielen Punkten neu aufgestellt werden. Die möglichen Optionen reichen dabei vom energieeffizienten Flugzeug mit emissionsarmen Antrieben und der Verwendung alternativer Energieträger über ein emissionsreduziertes Lufttransportsystem, die Nutzung der Digitalisierung sowie innovative Betriebskonzepte in der Luft und am Boden. Gleichzeitig müssen Materialfragen berücksichtigt werden, globale Lieferketten, Produktionsprozesse und Aspekte der Infrastruktur. Kurzum: Der gesamte Lebenszyklus eines Flugzeugs steht auf dem Prüfstand.

Im Einklang mit dem European Green Deal, der die Klimaziele für die EU festschreibt, hat das DLR eine neue Luftfahrtstrategie erarbeitet. Sie zeichnet den Weg zum emissionsfreien Fliegen und stellt dabei das gesamte Luftfahrtsystem und dessen Analyse in den Mittelpunkt der Luftfahrtforschung. Das DLR betrachtet dabei alle Technologien ergebnisoffen und ist in der Lage, Einflussparameter und Wirkzusammenhänge des Gesamtsystems zu überblicken. In Richtung einer umfassend modernisierten Luftfahrt arbeiten wir gemeinsam mit unseren nationalen und internationalen Partnern aus Industrie, Wirtschaft, Forschung und Akademia. Der Kern der DLR-Luftfahrtstrategie fußt dabei auf den vier nachfolgenden Eckpfeilern.

Das energieeffiziente Flugzeug

Ein geringerer Energiebedarf des Flugzeugs wirkt sich direkt in einem geringeren Verbrauch der Antriebssysteme aus, reduziert Emissionen und kompensiert die höheren Kosten künftiger Energieträger. Garanten dafür sind Flugzeugkonzepte und Technologien zur weiteren Reduktion des aerodynamischen Widerstands und des Gesamtgewichts im Zusammenspiel mit innovativen Systemarchitekturen.

Insgesamt ist die deutliche Effizienzsteigerung eine große Herausforderung für die nächste Flugzeuggeneration. Zukünftige Flugzeuge müssen ihre Effizienz noch einmal gegenüber heutigen Modellen verdoppeln, der Energiebedarf pro Passagier und Flugkilometer muss sich halbieren. Denn je weniger Energie ein Flugzeug für seinen Vortrieb benötigt, umso weniger müssen wir an regenerativer Energie in Form von Strom, Wasserstoff oder nachhaltigen Kraftstoffen für einen Flug bereitstellen.

Der emissionsarme Luftfahrtantrieb

Turboantriebe mit nachhaltigen Brennstoffen: Auf den Kurz- bis Langstrecken ermöglichen hoch effiziente Turbofan-Triebwerke gemeinsam mit regenerativ erzeugtem Kerosin einen weitgehend klimaverträglichen Betrieb. Möglich ist das für die gesamte bestehende Flotte mit nur minimalen technischen Modifikationen der Triebwerke und der vorhandenen Infrastruktur.

Wasserstoff als Energieträger: Wasserstoff (H_2) kann die lokalen CO_2-Emissionen im Luftverkehr auf null reduzieren. Für alle Wasserstoff-Antriebe stellen die Sicherheit, das Volumen und Gewicht sowie die Integration in die Flugzeugzelle eine besondere Herausforderung dar. Das erfordert eine intensive Erforschung von H_2-Tanksystemen inklusive der Systemarchitektur sowie neuartiger Flugzeugkonzepte, die vorwiegend mit dem größeren Tankvolumen umgehen müssen. Zudem ist die direkte und stabile H_2-Verbrennung in allen Flugphasen und in geeigneten Triebwerken zu betrachten. Mittelfristig ist der Einsatz von Wasserstoff besonders für Flugzeuge im Regional- und Kurzstreckenbereich geeignet.

Elektrische Antriebe mit Wasserstoff oder Batterien als Energieträger: Trotz ihrer sehr hohen Wirkungsgrade sind sowohl Batterien als auch Brennstoffzellen auf absehbare Zeit nur für Klein- und Regionalflugzeuge geeignet. Notwendig ist die Erforschung von Hochleistungs-Elektromotoren, Batterien und Brennstoffzellen. Dann kann in den kommenden fünf Jahren über eine mögliche langfristige Anwendung in Verkehrsflugzeugen entschieden werden.

Ein wichtiger, weil breit einsetzbarer Teil der Lösung können die schon angesprochenen nachhaltigen Flugzeugtreibstoffe sein. Sogenannte Sustainable Aviation Fuels (SAF) werden bereits auf Basis biologischer Ausgangsmaterialien wie Abfällen gewonnen und zukünftig in immer größeren Mengen mittels erneuerbarer Energien synthetisch aus sogenanntem grünem Wasserstoff und CO_2 aus der Atmosphäre hergestellt. Sie versprechen mit Blick auf CO_2, Ruß und Kondensstreifen eine deutlich bessere Umweltverträglichkeit als die derzeit aus fossilen Quellen gewonnenen Kraftstoffe. Aktuell existierende Flugzeuge können SAF mit nur geringen technischen Modifikationen problemlos nutzen. Aus heutiger Sicht stellt SAF für die technisch anspruchsvolle energieintensive Mittel- bis Langstrecke die realistischste Alternative zu herkömmlichem Kerosin dar. Zu berücksichtigen ist dabei auch, dass mehr als 75 Prozent der CO_2-Emissionen der Luftfahrt auf Strecken von mehr als 1.500 Kilometern anfallen – mit entsprechend schnellem Handlungsbedarf für den Klimaschutz!

Um SAF möglichst zeitnah und breit als klimaverträgliche (Brücken-)Technologie für die Luftfahrt zu nutzen, muss schnellstmöglich und in größeren Mengen die nachhaltige Produktion hochgefahren werden. Hier setzen aktuelle Forschungsarbeiten, technische Entwicklungen und erste Demonstrationsanlagen an.

Das klimaverträgliche Lufttransportsystem

Gesamtsystembewertung: Die Bewertung des Lufttransportsystems umfasst alle Aspekte des Betriebs und seiner Auswirkungen. Mit den Ergebnissen soll die Wirkung eingeschätzt und eine Neugestaltung ermöglicht werden. Dafür ist in den kommenden fünf Jahren der Aufbau einer umfassenden und detaillierten Bewertungs- und Simulations-Plattform für das gesamte Lufttransportsystem in Arbeit.

Klimawirkung und Flugrouten: Die Klimawirkung der Nicht-CO_2-Effekte des Flugverkehrs kann durch geeignete Flugrouten auf der Mittel- und Langstrecke reduziert werden. Um die kommerzielle Umsetzbarkeit und Wirksamkeit von klimaoptimierten Flugrouten nachzuweisen, bedarf es geeigneter politischer Rahmenbedingungen und der Einführung technischer Neuerungen im Flugzeug und am Boden.

Auch die Weiterentwicklung des Single European Sky, also die Optimierung und Standardisierung des europäischen Luftverkehrs, wird einen Beitrag zum Klimaschutz leisten. Studien belegen, dass bereits mit optimierten Flugrouten im deutschen Luftraum Umwege und damit der Treibstoffverbrauch spürbar verringert werden. Allein durch die Einführung des Free Route Airspace in Europa reduzierten sich die CO_2-Emissionen seit 2014 durch direktere und damit kürzere Flugrouten um gut 2,6 Millionen Tonnen – das sind immerhin 0,5 Prozent der durch den Luftverkehr verursachten CO_2-Emissionen.

Die Digitalisierung zur Transformationsbeschleunigung

Der Flugzeuglebenszyklus vom Entwurf über die Herstellung, die Zulassung, den Betrieb bis hin zur Außerdienststellung wird künftig digital in einem virtuellen Produkt dargestellt. Die Digitalisierung wird den Weg zur klimaneutralen Luftfahrt auch durch eine schnellere Technologiereife beschleunigen. Sowohl digitale Werkzeuge und Methoden als auch Entscheidungsprozesse im Entwurf, die durch Einsatz Künstlicher Intelligenz unterstützt werden, tragen dazu bei, neue Konzepte und Technologien für den nachhaltigen Lufttransport in größeren und kreativeren Entwurfsräumen zu erforschen. Zugleich fördert die bessere Übereinstimmung von virtuellem und realem Produkt die beschleunigte Übertragbarkeit von Forschungsergebnissen in die Anwendung. Dabei können ökonomische und ökologische Auswirkungen frühzeitig und umfassend prognostiziert, bewertet und gesteuert werden.

Die vier Themenfelder zeigen, wie umfangreich und vielfältig der Forschungs- und Entwicklungsbedarf auf dem Weg zu einem umfassend klimaverträglichen Lufttransportsystem ist und wie sehr sich die Luftfahrt in Zukunft wandeln wird. Wichtig ist, diesen Weg entschlossen und ohne Zögern zu verfolgen. Unser Ziel ist deshalb ein schneller, konsequenter Weg zur Technologiereife für den Transfer aus der Forschung in die Industrie: Neue Grundlagen und Technologien entstehen und werden dann gemeinsam erprobt, um schnell zum Einsatz zu kommen. Um die Klimawirkung des gesamten Lufttransportsystems zu adressieren und dabei schon in naher Zukunft erste Ergebnisse zu erreichen, arbeiten wir bereits mit Flugzeug- und Triebwerkherstellern, Partnern der Zuliefer- und Ausrüsterbranche, relevanten Klein- und mittelständischen Unternehmen, Zulassungsbehörden, Flugsicherungen und Partnern der Luftverkehrswirtschaft zusammen.

Nachhaltige Kraftstoffe und klimaoptimierte Flugrouten sind die (vergleichsweise) kurzfristig wirksamen Hebel, die wir für die Luftfahrt im Kampf gegen den Klimawandel in den Händen halten. Mittel- bis langfristige Technologieentwicklungen tragen parallel dazu bei, der Vision einer emissionsfreien Luftfahrt mittels der Entwicklung neuer Flugzeuggenerationen direkt zu folgen. Diese neuen Generationen möglichst klimaneutraler Flugzeuge sollen die aufgezeigten technologischen Optionen nutzen, um deutlich effizienter und damit energiesparender im Flug zu agieren. Entsprechend ihres Einsatzzwecks werden sie auf neuartige Energiespeicher und Antriebe zurückgreifen.

Aufgrund der immensen technologischen Herausforderungen, insbesondere zur Energie- und Leistungsdichte bei alternativen Antrieben, gibt es derzeit noch keine solchen unmittelbar verfügbaren Zero-Emission-Lösungen. Wegen der hohen technischen und finanziellen Risiken sowie der unter allen Betriebsbedingungen zu gewährleistenden Sicherheit mit umfangreichen Zulassungsverfahren ist der Technologiewandel in der Luftfahrt ein langwieriger und kostenintensiver Prozess. Für uns können diese vielfältigen Herausforderungen nur eines bedeuten: Wir müssen Forschung und Entwicklung in der gesamten Branche deutlich forcieren, um die gesetzten Klimaziele in Deutschland, in Europa und weltweit für die Luftfahrt zu erreichen. Unsere Prognosen zeigen, dass der Luftverkehr das Potential hat, mit solch einem Entwicklungsschub bis zum Jahr 2050 klimaneutral zu werden.

Die Vision einer emissionsfreien Luftfahrt steht am Horizont. In den kommenden Jahren und Jahrzehnten werden wir ohne Zweifel einen der intensivsten Transformationsprozesse der Luftfahrtgeschichte erleben, der uns in mancherlei Hinsicht an die Pionierzeit des frühen 20. Jahrhunderts erinnern wird. Die Menschheit wird das Fliegen noch einmal neu lernen müssen.

Markus Fischer,
Bereichsvorstand Luftfahrt,
Deutsches Zentrum
für Luft- und Raumfahrt (DLR)

Wie der Luftverkehr dem Klima schadet

David Lee ist einer jener Wissenschaftler, die der zivilen Luftfahrt das Leben schwer machen – sogar ziemlich schwer. Der Atmosphärenforscher von der Manchester Metropolitan University und sein Team haben zusammen mit Forschenden des Deutschen Zentrums für Luft- und Raumfahrt (DLR) nachgewiesen, wodurch und wie stark die Luftfahrt das Klima belastet. Das Ergebnis und die sich daraus ergebende Konsequenz lauten in Kurzfassung: Es wäre besser, sofort mit dem Fliegen aufzuhören. Da das aber kaum erstrebenswert wäre und weil der Luftverkehr zu den wichtigsten Fortbewegungsmöglichkeiten der modernen Gesellschaft zählt, lohnt ein Blick auf die Langfassung von Lees und anderen Forschungsergebnissen, um daraus ableiten zu können, was die Luftfahrtbranche ändern muss, wenn sie weiterhin als Mobilitätsdienstleister funktionieren will.

Unstrittig ist, dass Lees 2020 veröffentlichte Studie „The contribution of global aviation to anthropogenic climate forcing for 2000 to 2018“ den bislang umfassendsten Einblick zu den Auswirkungen des Luftverkehrs auf das Klima geliefert hat. Die Forscherinnen und Forscher bewerteten darin alle Faktoren, die die Luftfahrt seit dem Jahr 1940 zum Klimawandel beigetragen hat, einschließlich der Emissionen von Kohlendioxid (CO_2), Stickoxiden (NOx) sowie

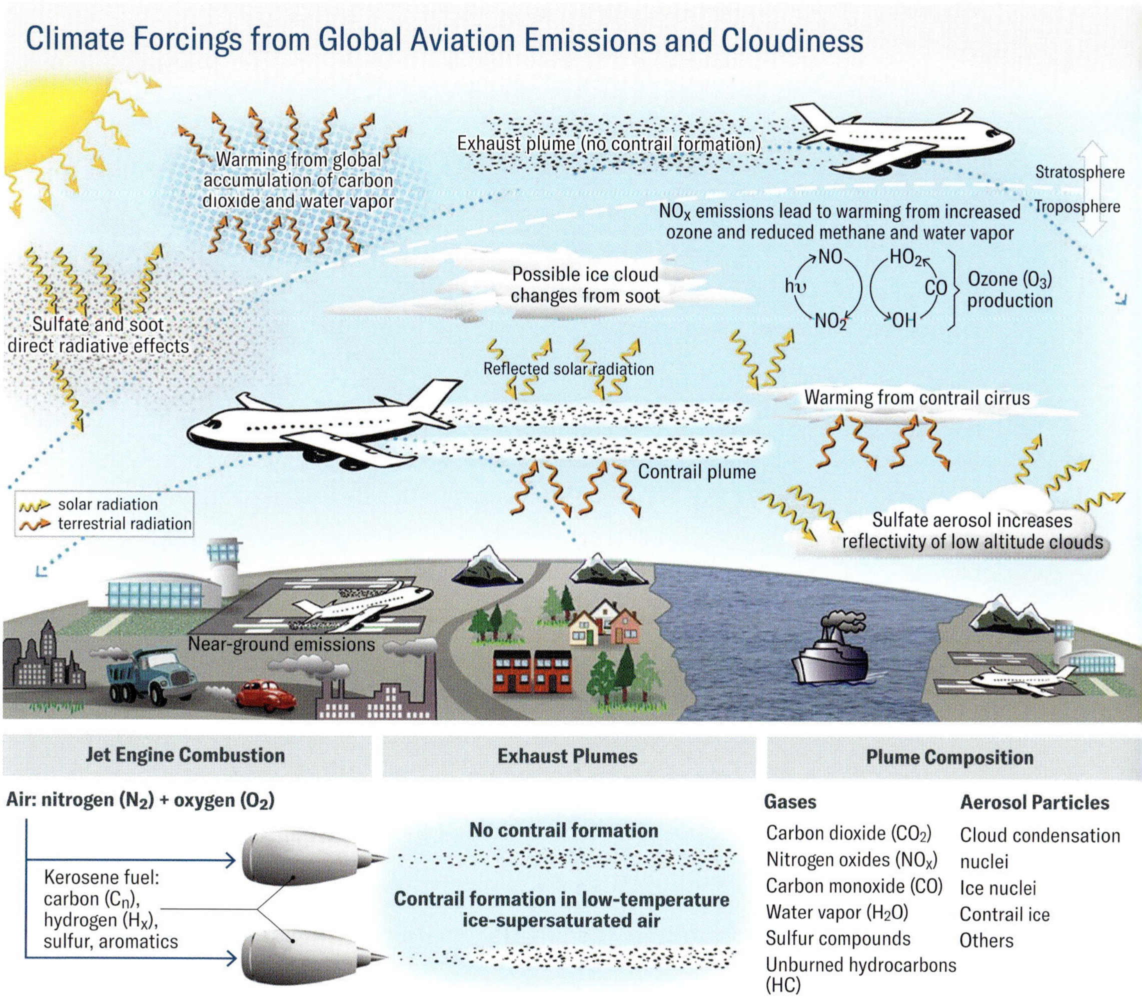

Für die CO_2-Emissionen der globalen Luftfahrt seit Bestehen der Branche – betrachtet zwischen 1940 und 2018 – kommt die Studie „The contribution of global aviation to anthropogenic climate forcing for 2000 to 2018“ zu dem Schluss, dass 32,6 Milliarden Tonnen emittiert wurden. Rund die Hälfte des kumulativen CO_2-Ausstoßes wurde demnach in den vergangenen 20 Jahren erzeugt, was vor allem auf die Zunahme des Luftverkehrs, insbesondere in Asien, zurückzuführen ist. Das Forschungsteam unter der Leitung des Atmosphärenwissenschaftlers David Lee (Universität Manchester) schätzt, dass die Menge von 32,6 Milliarden Tonnen rund 1,5 Prozent der gesamten menschlichen CO_2-Emissionen entspricht. Werden die Nicht-CO_2-Effekte mit einbezogen, errechnet sich der Anteil des Flugverkehrs an allen menschlichen Aktivitäten, die die globale Erwärmung vorantreiben, auf 3,5 Prozent. (DLR/David Lee)

Von Verkehrsflugzeugen verursachte Kondensstreifen tragen kurzfristig mehr als der Ausstoß von CO_2 zur Erderwärmung bei. Allerdings lässt die Wirkung dieser Eiswwolken im Gegensatz zu der von Kohlendioxid schnell wieder nach. (DLR)

der Wirkung von Kondensstreifen und Zirren (Wolken aus Eiskristallen, die von Flugzeugtriebwerken in großer Höhe erzeugt werden können). Ebenfalls untersucht wurden Emissionen wie Wasserdampf, Ruß, Aerosol- und Sulfat-Partikel, die sich in den Abgasfahnen der Triebwerke finden. Zusammengefasst: ein ungenießbarer Cocktail mit diversen luftverschmutzenden Zutaten. Kein Wunder, dass das Klima – gelinde gesagt – kurz davor ist zu kollabieren.

Kohlendioxid ist demnach nicht der einzige Bestandteil der Emissionen, die durchs Fliegen verursacht werden. Zwei Drittel der Klimawirkung des Luftverkehrs sind laut Einschätzung des DLR auf Nicht-CO_2-Effekte zurückzuführen. „Kondensstreifen und daraus resultierende Kondensstreifen-Zirren sind der bedeutendste Faktor“, sagt Markus Rapp, Direktor am DLR-Institut für Physik der Atmosphäre in Oberpfaffenhofen. Flugzeugtriebwerke stoßen zudem viele Rußpartikel aus. Sie wirken als Kondensationskeime für unterkühlte Wassertropfen, die zu Eiskristallen gefrieren und als Kondensstreifen am Himmel sichtbar werden. Die Eiskristalle der Kondensstreifen können bei feucht-kalten Bedingungen in Höhen von acht bis zwölf Kilometern mehrere Stunden bestehen und hohe Wolken, sogenannte Kondensstreifen-Zirren bil-

Exkurs:

Wie Kondensstreifen entstehen – und vermieden werden können

Als langlebige Eiswolken verstärken Kondensstreifen den Treibhauseffekt spürbar. Die meisten dieser sogenannten Zirren bilden sich infolge des Luftverkehrs. Dabei wirken die Rußpartikel aus der Verbrennung von Kerosin als Kondensationskeime für die Entstehung der Wolken. In den oberen Schichten der Atmosphäre, also der üblichen Reiseflughöhe, können sie stundenlang am Himmel verweilen. Ihre negativen Auswirkungen auf das Klima werden in den Emissionshandelsabkommen der EU und relevanter internationaler Gremien, die Flugzeugemissionen beschränken sollen, dennoch bislang nicht erfasst – obwohl die Studie „Atmospheric Chemistry and Physics" des Deutschen Zentrums für Luft- und Raumfahrt (DLR) bereits 2019 davor gewarnt hatte, dass die Anzahl der Kondensstreifen aufgrund des zunehmenden Luftverkehrs deutlich wachsen und sich bis 2050 sogar verdreifachen könnte, falls keine Maßnahmen dagegen ergriffen werden. Auch das Carbon Offsetting and Reduction Scheme for International Aviation (Corsia) der Vereinten Nationen, das seit 2020 als CO_2-Kompensationssystem für die internationale Luftfahrt eingesetzt wird, ignoriert die CO_2-unabhängigen Klimaauswirkungen des Luftverkehrs. Für die DLR-Atmosphärenforscherin Ulrike Burkhardt ein großes Manko: „Die Nicht-CO_2-Effekte der Luftfahrt werden voraussichtlich schneller zunehmen als die durch Kohlendioxid hervorgerufenen Auswirkungen." Sie schätzt, dass der Effekt der Kondensstreifen-Zirren im Jahr 2050 dreimal so groß sein wird wie im Jahr 2006.

Flug durch den Abgasstrahl: Blick aus dem Cockpit der Falcon 20e auf den Airbus A320 ATRA.
(DLR)

Untersucht die Beschaffenheit von Wasserstoff-Kondensstreifen in großen Höhen: das Team des Projekts „Blue Condor", hier bei einem Meeting in North Dakota. (DLR)

Was macht die weißen Streifen, die den Himmel in großen Höhen durchziehen, so gefährlich? „Je nach Sonnenstand, also dem Winkel der Sonneneinstrahlung, Bodenbeschaffenheit und natürlicher Wolkendecke haben Kondensstreifen-Zirren einen kühlenden oder wärmenden Effekt", erläutert Markus Rapp, Direktor am DLR-Institut für Physik der Atmosphäre in Oberpfaffenhofen. „Ein Teil der Solarstrahlung wird von den Zirrus-Wolken zwar reflektiert; das kühlt die Atmosphäre. Die Wärmeabstrahlung der Erde wird aber von der Wolkenschicht abgeschirmt, kann also nicht ins All entweichen und führt daher zur Erwärmung wie in einem Treibhaus. Forschungsarbeiten haben gezeigt, dass die wärmende Wirkung die kühlende überwiegt." Rapp betont indes, dass es vorrangig sei, die CO_2-Emissionen der Flugzeuge zu reduzieren, „da Kohlendioxid wesentlich länger in der Atmosphäre verweilt und dort das Klima schädigt als die aus Ruß und Wasserdampf entstandenen Kondensstreifen". Die lösten sich meist nach einem halben Tag wieder auf. „Wir dürfen sie bei der Bewertung der Klimafolgen des Luftverkehrs aber nicht unter den Tisch kehren", so Rapp.

Im Rahmen von „Blue Condor" werden Segelflugzeuge genutzt, die bei Erreichen der Reiseflughöhe herkömmlicher Verkehrsflugzeuge separat montierte Triebwerke zünden, deren Emissionen gemessen werden. (DLR/James Darcy)

Neue Triebwerksarten und der Einsatz nachhaltiger Treibstoffe sowie optimierte Flugrouten könnten die Bildung von Kondensstreifen beziehungsweise deren Klimawirkung signifikant reduzieren. Im Gegensatz zu herkömmlichem Kerosin, das heute bei mehr als 98 Prozent aller Passagier- und Frachtflüge als Treibstoff dient, weisen einige synthetische Flugbenzinsorten (SAF;→ Kapitel 3) vorteilhafte Eigenschaften hinsichtlich der Bildung von Kondensstreifen auf. Sie zeichnen sich dadurch aus, dass sie weniger aromatische Kohlenwasserstoffe enthalten, die maßgeblich an der Rußbildung bei der Verbrennung beteiligt sind. SAF-Hersteller wie Virent haben sich auf dieses Segment spezialisiert. Laut Angaben des US-Unternehmens werden die Rußemissionen bei der Verbrennung seines sogenannten Bioform-SAK um bis zu 80 Prozent vermindert – ein Lichtblick.

Auch der ab Mitte des Jahrhunderts avisierte Umstieg auf Wasserstoff als Energieträger der nächsten Generation von Verkehrsflugzeugen (→ Kapitel 4) wirkt sich in Sachen Rußbildung vorteilhaft aus. Dennoch gibt es auch beim Wasserstoffantrieb keine Entwarnung hinsichtlich der Kondensstreifenbildung: Maschinen, die mit flüssigem Wasserstoff angetrieben werden, emittieren zwar kein CO_2, dafür aber große Mengen an Wasserdampf. Und dessen Klimawirkung darf nicht vernachlässigt werden. Wie der von den Turbinen emittierte Wasserdampf – und die zugleich entstehenden Stickoxide – sich auf die Häufigkeit und Verweildauer von Kondensstreifen auswirken, untersucht das DLR derzeit gemeinsam mit Airbus UpNext. Im Rahmen des Projekts Blue Condor finden seit 2022 Testflüge in North Dakota, USA, statt.

Bei den Flugversuchen kommen zwei Arcus-Segelflugzeuge zum Einsatz. Eines von ihnen ist mit einem Wasserstoff-Jet-Triebwerk ausgestattet, das andere mit einer Turbine, die herkömmliches Kerosin verbrennt. Um die Vergleichbarkeit der Daten zu gewährleisten, werden die Testflüge unmittelbar nacheinander unter denselben meteorologischen Bedingungen durchgeführt. Das jeweilige Segelflugzeug wird von einer Egrett, einem Höhenforschungsflugzeug, auf mehr als neun Kilometer Höhe geschleppt. Dort zündet es sein zusätzliches Triebwerk. Die mit Messinstrumenten ausgestattete Egrett übernimmt die Verfolgerrolle und durchfliegt den Kondensstreifen der vorausfliegenden Maschine in enger Formation. Zudem werden die Emissionen des Abgasstrahls gemessen. Ziel ist es, die mikrophysikalischen Eigenschaften von Wasserstoff-Kondensstreifen in der Atmosphäre zu ermitteln.

„Unsere wissenschaftlichen Modelle zeigen, dass Kondensstreifen, die bei der Verbrennung von Wasserstoff entstehen, eine wesentlich geringere Klimawirkung haben könnten als jene, die beim Verbrennen von Kerosin auftreten. Denn in der Wasserstoff-Turbine entstehen keine Rußpartikel“, sagt Markus Rapp. „Wir vermuten zudem, dass die sich bildenden Eispartikel tendenziell größer sind und in geringerer Anzahl auftreten als bei Ruß-Emissionen. Sie regnen dadurch schneller aus, sodass die Kondensstreifen kurzlebiger sind und nur geringfügig zur Erderwärmung beitragen.“ Konkrete Messdaten zu diesen komplexen Prozessen lägen seinem Institut bislang nicht vor. Wenn sich die Annahmen der Forschenden aber bestätigen, könnte der Wasserstoff-Antrieb die Luftfahrt in der Tat viel klimafreundlicher machen. „Um das herauszufinden, sind Messungen in Reiseflughöhen nötig“, sagt Rapp. „Denn es ist nicht klar, ob unsere theoretischen Modelle alle relevanten Prozesse abdecken. Der erhöhte Ausstoß von Wasserdampf in die Stratosphäre könnte der vermindernden Klimawirkung der Kondensstreifen entgegenwirken und muss bei den Analysen berücksichtigt werden. Die Messflüge werden dafür nun erstmals eine Grundlage für belastbare Aussagen schaffen.“

Unabhängig davon, wie die Ergebnisse der Messflüge ausfallen, haben Forschende in jüngster Zeit auf eine ganz andere, womöglich viel einfacher zu realisierende Möglichkeit der Vermeidung von Kondensstreifen hingewiesen: die Änderung der Reiseflughöhen beziehungsweise das Umfliegen jener Regionen, in denen die Bildung von Kondensstreifen witterungstechnisch begünstigt wird. 2021 führte das Maastricht Upper Area Control Centre (MUAC) der Flugsicherheitsbehörde Eurocontrol dazu gemeinsam mit dem DLR einen Live-Betriebsversuch durch. Die Probeläufe fanden an ausgewählten Terminen nach 18 Uhr Ortszeit und in der Nacht statt. Zu diesen Zeiten ist die wärmende Wirkung von Kondensstreifen und Zirren besonders hoch. Ein Planungsteam von MUAC und DLR interpretierte die Wettervorhersage hinsichtlich eisübersättigter Regionen und Wolken und gab den Fluglotsen Anweisungen, diese Gebiete in einem vertikalen Abstand von bis zu 600 Metern zu über- oder zu unterfliegen. Während der Versuchsreihe bewerteten die Forschenden die technische Machbarkeit der Kondensstreifenvermeidung mithilfe von Flugführungsmaßnahmen, die Genauigkeit der Wettervorhersagen sowie die betriebliche Umsetzbarkeit bei unterschiedlichen Verkehrsbelastungen. „Die Versuchsreihe hat gezeigt, dass es prinzipiell möglich ist, beim realen Flugverkehr klimafreundlichere Routen und Höhen

Beim Flug Etihad EY 20 von London nach Abu Dhabi kam im Oktober 2021 erstmals ein satellitengestütztes Kondensstreifen-Warnsystem zum Einsatz. Die Piloten des Flugzeugs konnten dadurch jene Gebiete umfliegen, in denen die Bildung von Kondensstreifen wahrscheinlicher war als auf der ursprünglich gewählten Flugroute. (Etihad)

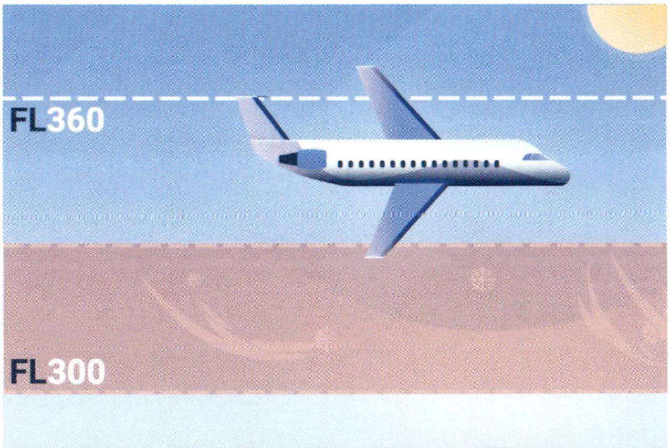

Gemeinsam mit Eurocontrol führte das DLR 2021 zahlreiche Versuche durch, bei denen Verkehrsflugzeuge anhand aktuell erhobener meteorologischer Daten in Echtzeit auf Routen gelotst wurden, die der Entstehung von Kondensstreifen entgegenwirken, etwa durch eine Veränderung der Flughöhe. (DLR/MUAC)

zu nutzen", sagt Robert Sausen vom DLR-Institut für Physik der Atmosphäre in Oberpfaffenhofen. „Das Experiment hat die technischen und operationellen Herausforderungen klar aufgezeigt, die zu meistern sind, wenn derartige Maßnahmen im größeren Umfang stattfinden."

Bereits einen Schritt weiter ist Satavia. Seit 2021 bietet das auf die Auswertung von Satellitenaufnahmen spezialisierte britische Unternehmen Airlines maßgeschneiderte Kondensstreifenvorhersagen in digitaler Form, die mit den Operator Flight Plans verknüpft werden. So haben Pilotinnen und Piloten in der Luft sowie das Air-Traffic-Personal am Boden die Möglichkeit, aktuell zu fliegende Routen an die meteorologischen Gegebenheiten anzupassen und Gebiete zu umfliegen, in denen sich voraussichtlich Kondensstreifen bilden werden. „Das System wird von Etihad und KLM bereits erfolgreich genutzt", sagt Satavia-Chef Adam Durant. Auch bei Flug Etihad EY 20, am 23. Oktober 2021, von Heathrow nach Abu Dhabi, dem laut Angaben der Airline bislang nachhaltigsten Flug in der Geschichte des Unternehmens, kam es zum Einsatz. Künftig werden Airlines solche oder vergleichbare Services wohl häufiger in Anspruch nehmen, um klimafreundliche Flugrouten zu nutzen – spätestens dann, wenn sie auch für Nicht-CO_2-Emissionen zahlen müssen.

Das hatte jüngst die Umweltorganisation Germanwatch angeregt. Sie fordert zum einen, dass der Aromaten-Anteil im herkömmlichen Flugbenzin nicht höher als acht Prozent sein soll und das Kerosin im Zuge des sogenannten Hydrotreatings von Nitraten und Schwefelbestandteilen gereinigt werden müsse, die ebenfalls klimaschädlich sind. Zum anderen sollen die Nicht-CO_2-Emissionen des gesamten europäischen Flugverkehrs quantitativ erfasst werden – jede einzelne Flugbewegung. Technisch sei das bereits ohne viel Mehraufwand möglich, wie Forschungsflüge des DLR und anderer Institutionen gezeigt hätten. Auf EU-Ebene müsse man spätestens bis Ende 2025 Regulierungen einführen, um den Airlines die Gesamtemissionen ihrer Flüge in Form von CO_2-Äquivalenten zu berechnen beziehungsweise ihnen entsprechende Zertifikate zu verkaufen. Dabei seien die Nicht-CO_2-Effekte mit dem Faktor drei im Vergleich zu den heute bereits vergebenen CO_2-Zertifikaten zu berechnen.

den. Je nach Sonnenstand und Untergrund entfalten sie lokal eine wärmende oder kühlende Wirkung. Dabei zeigen zahlreiche Forschungsarbeiten, dass die wärmende Wirkung überwiegt.

Um zu ergründen, was die einzelnen Emissionskomponenten bewirken und wie sie mit den anderen Bestandteilen der Atmosphäre reagieren, ist ein kurzer Abstecher in die Welt der Chemie und Physik nötig.

Kohlendioxid – gut für die Limonade, schlecht fürs Klima

Als eines der gefährlichsten Treibhausgase (THG) steuert Kohlendioxid (CO_2) rund ein Drittel zu der vom Luftverkehr verursachten Erderwärmung bei. Das klingt zunächst überschaubar, der Teufel steckt jedoch im Detail. Anders als beispielsweise Methan (CH_4), Wasserdampf oder andere THG verbleibt CO_2 extrem lang in der Atmosphäre – laut Lees und anderen Forschungsergebnissen teils sogar Tausende von Jahren. So ist es durchaus denkbar, dass noch heute Spuren des von den ersten Passagierflügen in den 1920er Jahren emittierten Kohlendioxids in der Atmosphäre nachzuweisen wären. Vermutlich wird sich bloß niemand die Mühe machen, danach zu fahnden. Was auch nicht nötig ist, denn es geht bei der Berechnung des Klimaeffekts um die kumulierte Menge des Gases, sprich: um die Gesamtmenge CO_2, die seit Beginn der Verkehrsluftfahrt in die Atmosphäre geblasen wurde. Und die ist beträchtlich: 32,6 Milliarden Tonnen. Ungefähr die Hälfte des gesamten kumulierten CO_2-Ausstoßes wurde übrigens in den vergangenen 20 Jahren erzeugt – aufgrund der seit Beginn der 2000er Jahre stetig gestiegenen Anzahl an Flügen und trotz der immer lauter werdenden Warnrufe in Bezug auf die Klimakrise.

Was genau bewirkt Kohlendioxid also in der Atmosphäre? Aufgrund seiner Eigenschaft, Infrarotstrahlung bestimmter Wellenlängen zu absorbieren, speichert das Gas zum einen in den oberen Schichten der Atmosphäre große Mengen an Energie, die durch Sonnenstrahlen zur Erde gelangt. Ohne diese Speicherung läge die mittlere Temperatur auf der Erde bei etwa minus 18° Celsius. So viel zum positiven Effekt. Zum anderen – und das ist der negative Effekt – verursacht das Gas eine Treibhauswirkung, die daraus resultiert, dass auch die von der Erdoberfläche emittierte Wärmestrahlung absorbiert wird und die Atmosphäre aufheizt – seit Beginn der Industrialisierung im 19. Jahrhunderts etwa um 1,2° Celsius. Die Folgen dieser fortschreitenden Erderwärmung sind bekannt und werden an dieser Stelle nicht erörtert. Was jedoch

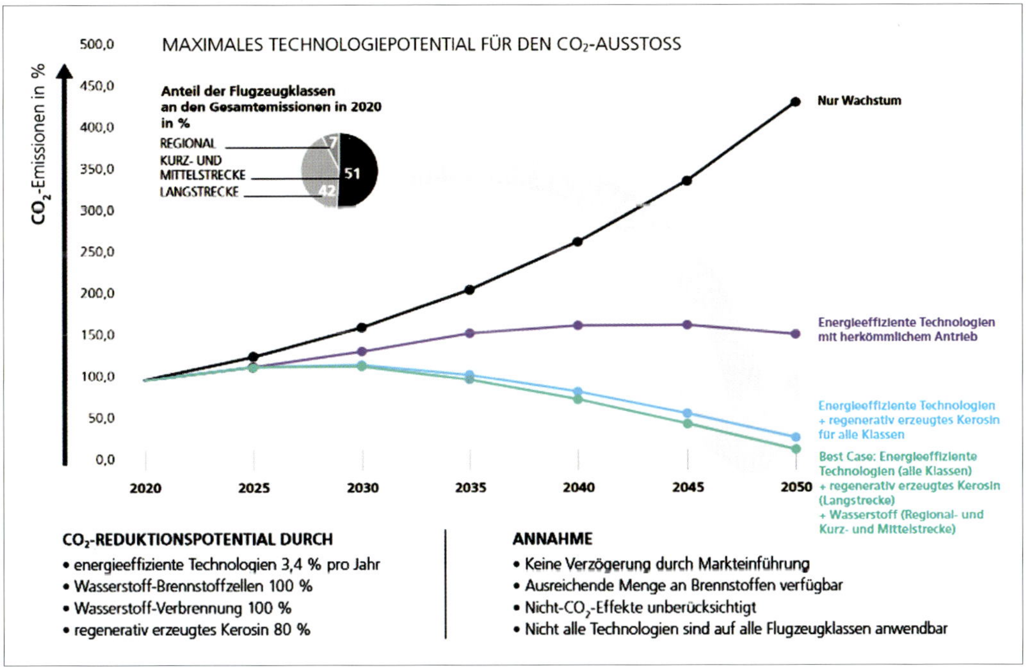

Über die Verbindung von energieeffizienten Technologien, regenerativ erzeugtem Kerosin (SAF) und Wasserstoff lassen sich die Emissionen des Luftverkahrs von seinem Wachstum entkoppeln. (DLR)

erwähnenswert ist: Kohlendioxid ist relativ reaktionsträge, sodass es mit hohem Aufwand verbunden ist, das Gas auf chemischem Weg zu binden und wieder aus der Atmosphäre zu entfernen. Zurzeit werden physikalisch-chemische Prozesse erprobt und in Kürze zur Marktreife gebracht, mit denen die CO_2-Konzentration in der Atmosphäre gezielt verringert werden kann. Dazu zählt das sogenannte Direct-Air-Capture-Verfahren (DAC; → Exkurs: CO_2-Extraktion aus der Luft).

Sollte es sich in der Praxis bewähren, könnte ein weiteres Problem gelöst werden: Die aktuell erarbeiteten und im Lauf der kommenden 30 Jahre abzuarbeitenden Net-Zero-Pläne der Luftfahrtbranche und anderer Industrien haben nämlich einen gravierenden Haken (genau genommen einige weitere, aber dazu mehr in → Kapitel 2): „Selbst wenn es gelingen sollte, die CO_2-Emissionen auf dem heutigen Stand einzufrieren, also kein neues Kohlendioxid in die Atmosphäre gelangen zu lassen“, erläutert David Lee, „wird das dort bereits vorhandene dennoch die Erderwärmung vorantreiben. Ziel muss es daher sein,

Exkurs:

Stickoxide – Die heimlichen Klimakiller

Stickoxide (NO_x) zählen zwar nicht zu den klassischen klimawirksamen Gasen wie Kohlendioxid oder Methan. Eine steigende Konzentration von NO_x in der Atmosphäre führt aber dazu, dass dort Ozon (O_3) entsteht, das eine starke Treibhauswirkung hat. Daher ist es wichtig, dass auch die Bildung von Stickoxiden, nicht nur von CO_2, bei künftigen Flugzeugantrieben so gut es geht vermieden wird. Das ist allerdings leichter gesagt als getan - vor allem, weil bei einem möglichen Umstieg auf Wasserstoff als Treibstoff die NO_x-Emissionen tendenziell eher ansteigen.

Um dem entgegenzuwirken, laufen derzeit Forschungen und Entwicklungen bei vielen Triebwerksherstellern, etwa bei MTU Aero Engines. Deren sogenannter Water-enhanced Turbofan

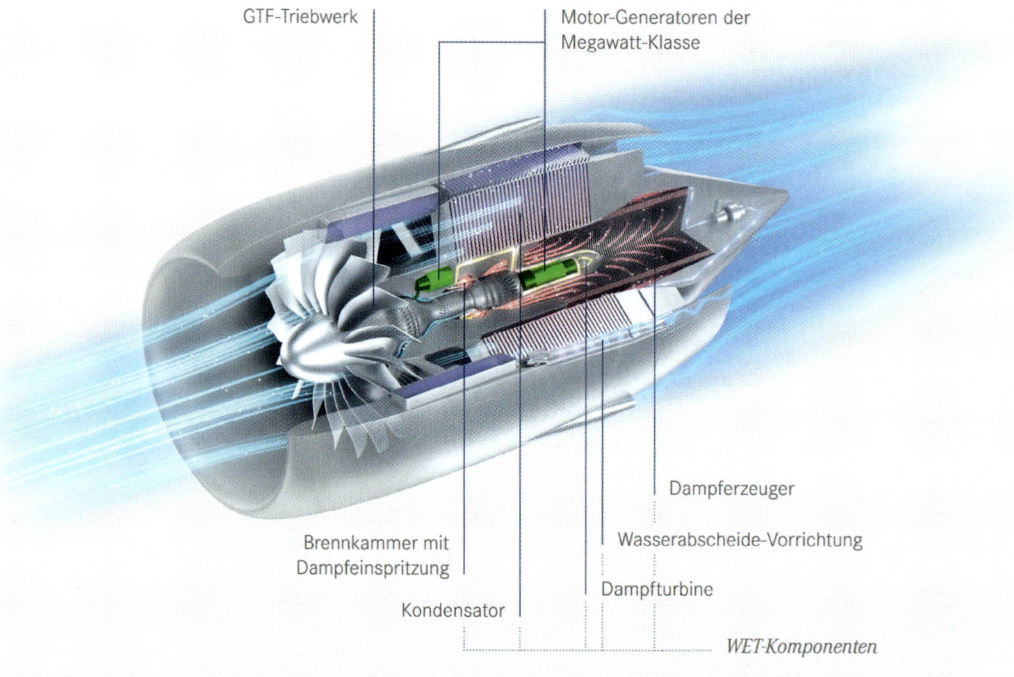

MTU Aero Engines, Pratt & Whitney, Collins Aerospace, GKN Aerospace und Airbus sowie weitere Luftfahrtakteure entwickeln gemeinsam sogenannte Water-Enhanced-Turbofan-Triebwerke. Im sogenanten SWITCH-Projekt (Sustainable Water-Injecting Turbofan Comprising Hybrid-Electrics) stehen zwei Technologien im Fokus: das Water-Enhanced-Turbofan-Konzept der MTU, kurz: WET, und hybrid-elektrische Antriebselemente. Basis ist der Getriebefan von Pratt & Whitney. Ziel des Projekts ist die Verringerung des Kraftstoffverbrauchs und der CO_2-Emissionen um jeweils 25 Prozent. (MTU)

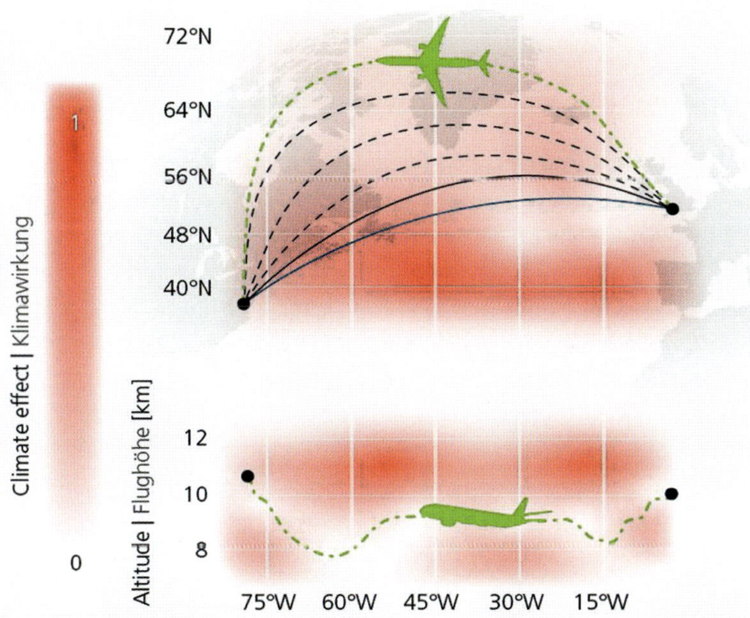

Je Flughöhe und -route kommt es zu unterschiedlich hohen Emissionen. Die Optimierung hinsichtlich der Klimawirkung kann indes zu längeren Flugzeiten führen – Airlines und Passagiere müssen das künftig in Kauf nehmen. (DLR)

(WET) könnte die Stickoxid-Entstehung bei der Wasserstoffverbrennung – und wohl auch bei der Verbrennung herkömmlicher Kohlenwasserstoffe wie Kerosin oder SAF – wirksam eindämmen. In den üblichen Gasturbinenprozess hat MTU einen Dampfkraftprozess integriert, der zu einer nassen Verbrennung führt: Dabei wird Dampf in die Brennkammer geleitet, wodurch letztlich der thermodynamische Wirkungsgrad der Turbine erheblich steigt. Ersten Potenzialstudien zufolge könnte dieses Turbofan-Konzept den Treibstoffverbrauch im Reiseflug verglichen mit konventionellen Triebwerken um zehn Prozent senken. Das modifizierte Treibstoffgemisch in der Brennkammer wirkt sich laut MTU-Angaben zudem auf die Menge der emittierten Stickoxide aus, die signifikant kleiner wird. WET-Antriebe könnten sowohl mit herkömmlichen fossilen Brennstoffen als auch künftig mit Wasserstoff betrieben werden, heißt es vonseiten des Unternehmens.

In einem Online-Vortrag im Mai 2021 an der Hochschule für Angewandte Wissenschaften Hamburg (HAW) betonte der britische Stickoxid-Experte Bobby Sethi, dass die NO_x-Menge weiter abgesenkt werden könne, wenn der Wasserstoff über viele kleine Bohrungen in die Brennkammer gelangt (Micromix Combustion). Belastbare Forschungen gebe es dazu aber noch nicht. Im Übrigen sei „die Umweltwirkung der Wasserstoffverbrennung bei üblichen Flughöhen etwa gleich groß wie die der Kerosinverbrennung – allerdings mit dem wichtigen Effekt, dass CO_2-Emissionen vermieden werden“. Ferner könnten auf klimaoptimierten Flugrouten (→ Exkurs: Klimafreundliche Flugrouten) eisübersättigte Regionen umflogen werden, in denen sich Kondensstreifen-Zirren leichter bildeten als in wärmeren Regionen. „Bei Kerosinflugzeugen führen solche Umwege zwar zu mehr CO_2-Emissionen", so Sethi. „Bei Wasserstoffflugzeugen ist das aber nicht der Fall, da bei der Verbrennung gar kein CO_2 entsteht."

Derweil haben Forschende am Fraunhofer-Institut für Produktionstechnologie (IPT) in Aachen eine neue Brennkammer für Wasserstoffturbinen entworfen und im 3D-Druck-Verfahren produziert. Sie soll den Ausstoß von Stickoxiden deutlich senken und für die bereits erwähnten Micromix-Combustion-Turbinen (MMX) geeignet sein. Die MMX-Brennkammer sei so konzipiert, dass sich „das Gas optimal mit der zugeführten Luft vermischt und mit geringerer NO_x-Bildung verbrennt", berichtete das IPT Ende 2021. „Durch die verbesserte Mischung eines mageren Kraftstoffluftgemischs können die lokalen Verbrennungstemperaturen reduziert werden; durch Miniaturisierung der Flammen kann die Verweilzeit des Stickstoffs aus der Luft in der Verbrennungszone reduziert werden", ließ Jan Keinz, der den Brenner in Aachen mitentwickelt hat, gegenüber *ingenieur.de* durchblicken. Im Testbetrieb habe sich das MMX-Konzept bereits bewährt. Gänzlich vermeiden lasse sich der NO_x-Ausstoß allerdings nicht.

große Mengen des bereits emittierten Treibhausgases einzufangen und unschädlich zu machen. Das betrifft freilich alle Wirtschaftsbereiche, die fossile Ressourcen verbrennen, nicht allein die Luftfahrtbranche."

Weitere Emissionen des Luftverkehrs

Entgegen der bislang verbreiteten Annahme verändern die sogenannten Nicht-CO_2-Effekte die Beschaffenheit der Atmosphäre ebenfalls über lange Zeiträume. Das haben jüngste Forschungen norwegischer und britischer Wissenschaftler ergeben. Demnach könnten beispielsweise aktuell entstehende Kondensstreifen beziehungsweise Stickoxid-Emissionen noch in 50 oder gar 100 Jahren erderwärmend wirken. Im Gegensatz zu CO_2 lässt sich die Bildung solcher Kondensstreifen aber von vornherein weitgehend vermeiden (→ **Exkurs: Wie Kondensstreifen entstehen und vermieden werden können**). Und sobald geeignete Antriebe wie Brennstoffzellen oder Elektromotoren marktreif sind, könnte man auch die Stickoxid-Emissionen in den Griff bekommen. Könnte, wohlgemerkt! Denn der von der Branche ab 2050 angepeilte und von der Politik befeuerte Umstieg auf Turbinen, in denen Wasserstoff verbrannt wird, verschärft das Problem mit den Stickoxiden zunächst einmal. Das hat einen profanen Grund: Die Wasserstoffflamme ist viel heißer als jene, die bei der Verbrennung von Kerosin entsteht. Dadurch bilden sich wesentlich größere

Mengen an NO_x. Inzwischen arbeiten Turbinenhersteller wie MTU oder Kawasaki bereits daran, wie sich diese NO_x-Emission reduzieren oder gar verhindern lassen, aber die Forschung dazu steckt erst in den Anfängen (→ **Exkurs: Stickoxide – die heimtückischen Klimakiller**).

Auf der Fahndungsliste der Atmosphärenwissenschaftler stehen zudem die bei der Verbrennung von Flugtreibstoffen ausgestoßenen Rußpartikel. Sie tragen zum einen zur Bildung von Kondensstreifen bei, zum anderen – je nach chemischer Zusammensetzung des Rußes – gelangen sie als sogenannter saurer Regen zurück auf die Erdoberfläche und führen dort sowohl zur Übersäuerung der Böden als auch zur Verschmutzung der Atemluft. Die Intensität der Rußemissionen ist je nach Temperatur in der Turbine und der Menge an sogenannten Aromaten im Treibstoff (→ **Kapitel 3**) unterschiedlich stark. Simple Faustregel: Je mehr Aromaten enthalten sind und je heißer der Sprit verbrennt, desto mehr Ruß ist in den Abgasen enthalten. Das bedeutet auch: Bei der Verbrennung von Wasserstoff, der per se keine Aromaten enthält, entsteht über-

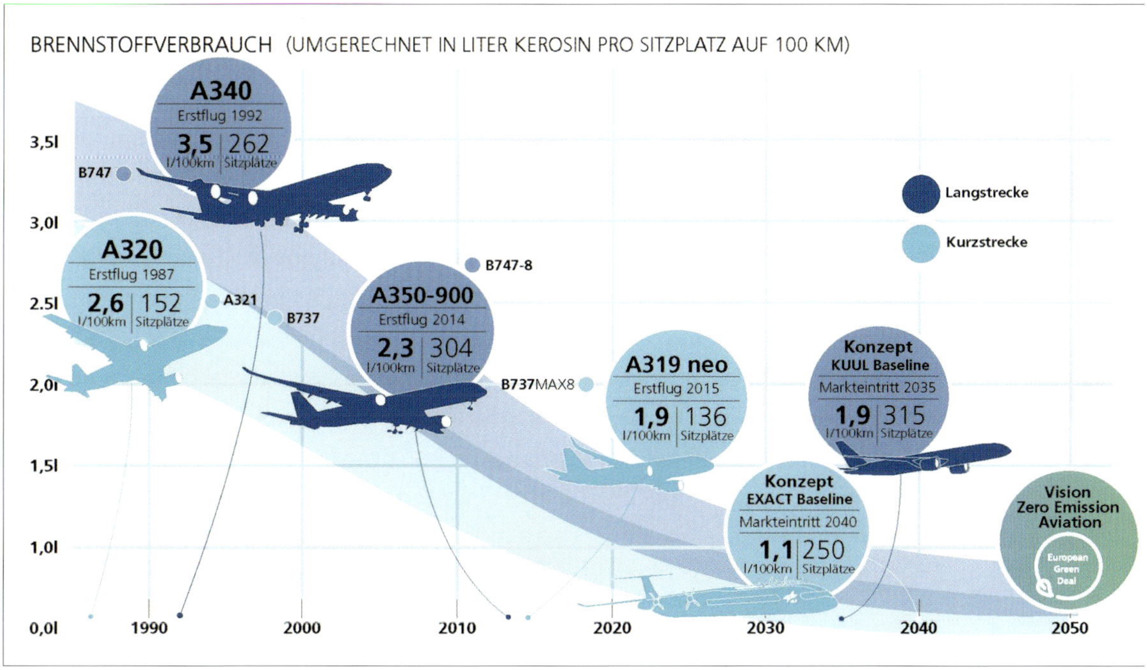

Der Brennstoffverbrauch von Verkehrsflugzeugen ist in den vergangenen Jahrzehnten deutlich gesunken. Bis 2050 soll die Branche im Zuge des European Green Deal der EU so gut wie emissionsfrei operieren. (DLR)

haupt kein Ruß – dafür aber eine große Menge an Wasserdampf. Doch zurück zum Ruß: „Die teils mikroskopisch kleinen Partikel fungieren als sogenannte Kondensationspunkte, an denen der in der Atmosphäre vorhandene Wasserdampf, sprich: die Luftfeuchtigkeit kondensiert“, sagt DLR-Forscher Rapp. „Die in diesem Prozess gebildeten Tröpfchen formieren sich zu Wolken, die einen Teil der Sonneneinstrahlung zurück ins All reflektieren, aber auch die von der Erdoberfläche aufsteigende Wärme daran hindern, ins All abgestrahlt zu werden. Unterm Strich wird der Treibhauseffekt dadurch verstärkt.“ Jüngste Forschungen an seinem Institut hätten inzwischen ergeben, dass die Rußemissionen durch den Einsatz nachhaltiger Treibstoffe (SAF) deutlich verringert werden können. Das liege vor allem am niedrigeren Aromaten-Anteil der synthetischen Kraftstoffe.

Dazu ein etwas tieferer Einblick in die Treibstoffchemie und die vom DLR ab 2018 durchgeführte ECLIF-Testreihe: Die in fossilem Kerosin vorhandenen aromatischen Kohlenwasserstoffe haben – verglichen mit langkettigen Kohlenwasserstoffen – einen kleineren Anteil an Wasserstoffatomen; sie zählen zu den ungesättigten Kohlenwasserstoffen. Bei der in den meisten Fällen unvollständigen Verbrennung des Treibstoffs in der Turbine wirkt sich der relativ höhere Kohlenstoffanteil der Aromaten in der Art aus, dass unvollständig verbranntes Kerosin zum einen den Kohlenmonoxid-Ausstoß verstärkt, zum anderen winzig kleine Kohlenstoff-Partikel in die Atmosphäre gelangen – Ruß. Erfreuliches Ergebnis der ECLIF-Tests: Die schon heute zugelassenen SAF-Beimischungen bis zu 50 Prozent des Gesamttreibstoffs können wegen ihres niedrigen Aromaten-Anteils den Klimaeffekt der durch Flugzeugabgase erzeugten Kondensstreifen um 20 bis 30 Prozent verringern. Markus Rapp gibt jedoch zu bedenken: „Die Anzahl der emittierten Rußteilchen nimmt bei SAF als Treibstoff zwar ab, dafür werden die Teilchen aber größer.“ Ob und wie sich dies auf die Wolken- beziehungsweise Kondensstreifenbildung, respektive auf die Verweildauer der Partikel in der Atmosphäre auswirkt, müsse noch erforscht werden.

Einig ist sich die Forschungsgemeinde hinsichtlich des emittierten Wasserdampfs, der durch den ab etwa 2040 denkbaren Umstieg auf Flugzeuge mit Wasserstoff-Antrieb in die Atmosphäre gelangen würde: Wasserdampf wirkt nach jetzigem Kenntnisstand nur in hohen Schichten der Troposphäre als zusätzlicher Faktor bei der Erderwärmung. Die Empfehlung lautet daher, dass Wasserstoffflugzeuge etwas niedrigere Reiseflughöhen einhalten sollen,

Für die Messungen von Abgasen und anderen Emissionen von Verkehrsflugzeugen nutzt das Deutsche Zentrum für Luft- und Raumfahrt eine mit moderner Messtechnik ausgestattete Falcon 20e. (DLR)

maximal etwa 8.000 Meter. Für Flüge über den Mount Everest wären sie daher zwar nicht geeignet, überall sonst aber problemlos einsetzbar.

Emissionen am Boden

Auch wenn sie nicht in der Luft sind, geht von Flugzeugen und der für den Luftverkehr erforderlichen Infrastruktur eine latente Umweltbelastung aus – etwa auf und im näheren Umkreis von Flughäfen. Zu dieser Einschätzung gelangt das Umweltbundesamt (UBA) in seinem Bericht „Umweltschonender Luftverkehr", in dem zahlreiche wissenschaftliche Studien aus dem In- und Ausland ausgewertet und kommentiert wurden. Neben Rußpartikeln und Toluol-Emissionen sei vor allem die Belastung mit NOx besorgniserregend. So wurden 2018 bei Messungen am Flughafen Frankfurt deutlich überschrittene Grenzwerte festgestellt. In dem Bericht heißt es: „NO_2 (→ ein Bestandteil von NO_X) hat eine stark oxidative Wirkung. Seine relativ geringe Interaktion mit den Strukturen der oberen Atemwege führt dazu, dass der Schadstoff tief in den Atemtrakt eindringt." Im Lungengewebe verursache die Substanz Zellschäden und löse entzündliche Prozesse aus. Epidemiologische Studien hätten zudem Zusammenhänge zwischen einer kurzzeitigen NO_2-Exposition und einer erhöhten Gesamtmortalität aufgrund von Atemwegs- und Herz-Kreislauferkrankungen gezeigt.

Auch die Belastung mit Feinstaub und sogenannten ultrafeinen Partikeln (UFP), die zumeist aus Ruß bestehen, ist im Umkreis von Flughäfen sehr hoch. Messungen in Los Angeles und Atlanta ergaben teils um das Vierfache überschrittene Grenzwerte im Bereich der Einflugschneisen. Und in Frankfurt ermittelten Forschende 2018 sogar das Sechsfache der zugelassenen UFP-Konzentrationen. Am DLR-Institut für Verbrennungstechnik in Stuttgart werden UFP seit 2020 mithilfe eines speziellen Messfahrzeugs aufgespürt. Während der Corona-Pandemie, als die Start- und Landebahn am Flughafen Stuttgart aufgrund von Bauarbeiten einige Tage gesperrt war, habe man dort Hin-

Das DLR-Institut für Verbrennungstechnik in Stuttgart setzt ein mobiles Labor für die Messung von Feinstaubpartikeln ein, unter anderem in der Umgebung von Flughäfen. (DLR)

tergrundmessungen gemacht. „So konnten wir Daten sammeln, wie sich die Luftqualität entwickelt, wenn keine Flugzeuge unterwegs sind und das Verkehrsaufkommen auf den umliegenden Straßen deutlich reduziert ist“, erläutert DLR-Projektleiter Tobias Schripp. Künftig werde das Messfahrzeug etwa bei Studien zum Einsatz kommen, die alternative Treibstoffe in der Luftfahrt untersuchen. Auch im Umfeld weiterer Flughäfen seien mobile Messungen geplant.

Dort soll aber ab demnächst ohnehin alles ganz sauber sein, verspricht der Bundesverband der Deutschen Luftverkehrswirtschaft (BDL). Denn die deutschen Flughäfen haben sich das Ziel gesetzt, ihren CO_2-Ausstoß bis 2030 um 65 Prozent zu senken und bis zum Jahr 2045 komplett CO_2-neutral zu sein. Immerhin. Dafür sollen diverse Maßnahmen umgesetzt werden: So werde die Energieversorgung an den Flughäfen schrittweise auf erneuerbare Quellen umgestellt, und Verbesserungen der Gebäudetechnik sollen für einen niedrigeren Energieverbrauch sorgen. Zudem werden Flughafenfahrzeuge zunehmend auf alternative Antriebe umgestellt, etwa durch den Einsatz von Flugzeugschleppern mit Elektromotor.

Wie die Verkehrsluftfahrt klimaneutral werden will

Die Fakten sind bekannt: Rund 3,5 Prozent aller weltweit emittierten Treibhausgase (THG) stammen aus dem Luftverkehr. Falls die Branche nicht umgehend auf alternative Antriebsarten umsteigt, wird der Anteil laut Prognosen der Internationalen Energieagentur (IEA) bis 2030 auf etwa fünf Prozent steigen, bis 2050 sogar auf rund zwölf Prozent. Grund dafür ist die weiterhin starke Zunahme des Flugverkehrs. Die durch die Corona-Pandemie verursachte Delle im Verkehrsaufkommen ist inzwischen Geschichte. Schon für 2024 rechnet die International Air Transport Association (IATA) mit einem etwas höheren Passagieraufkommen als 2019, dem Jahr vor Beginn der Pandemie. Entsprechend sei mit steigenden oder bestenfalls gleichbleibenden THG-Emissionen zu rechnen. So weit, so schlecht.

Konsens herrscht unter Forschenden inzwischen darüber, dass nicht nur emittiertes Kohlendioxid (CO_2) die Atmosphäre belastet und das Klima schädigt. Berechnungen des Deutschen Zentrums für Luft- und Raumfahrt (DLR) und anderer wissenschaftlicher Einrichtungen zeigen: Das aus der Kerosinverbrennung stammende CO_2 ist nur für knapp ein Drittel der Umweltbelastung durch die Luftfahrt verantwortlich; zwei Drittel werden durch Stickoxide (NO_x), Rußpartikel und Wasserdampf verursacht **(→ Kapitel 1)**. „Bislang waren Politik und Luftverkehrsbranche darauf fokussiert, allein den CO_2-Ausstoß der Luftfahrt zu reduzieren", sagt Christiane Voigt, Leiterin der Abteilung Wolkenphysik am DLR in Oberpfaffenhofen. „Das ändert sich gerade. Jetzt müssen rasch Anreize geschaffen und Maßnahmen ergriffen werden, damit Flugzeuge auch weniger Kondensstreifen verursachen und Stickoxide emittieren. Triebwerkshersteller und Flugzeugbauer stehen bereits in den Startblöcken."

Klar ist: Um die Belastung der Atmosphäre zu verringern und die Verschärfung der Klimakrise abzuwenden, sollen und müssen Industrie, Airlines, Zulieferer und Flughäfen, sprich: die gesamte Verkehrsluftfahrtbranche, bis 2050 klimaneutral werden. Diese Forderung wurde im Pariser Klimaschutzabkommen 2015 festgeschrieben und durch den European Green Deal (EGD) 2019 bekräftigt. Der Branche bleiben gerade einmal 27 Jahre für eine Kehrtwende – bei vollem Schub.

„Net Zero", wie die Klimaneutralität oft bezeichnet wird, ist eine enorme technische Herausforderung, eine gigantische finanzielle Anstrengung – und zugleich ein riesiger Markt, auf dem sich die Akteure mit Ankündigungen und Neuerungen beinahe täglich gegenseitig überbieten. Das geschätzte Investitionsvolumen für den Umbau des zivilen Luftverkehrs beläuft sich laut Berech-

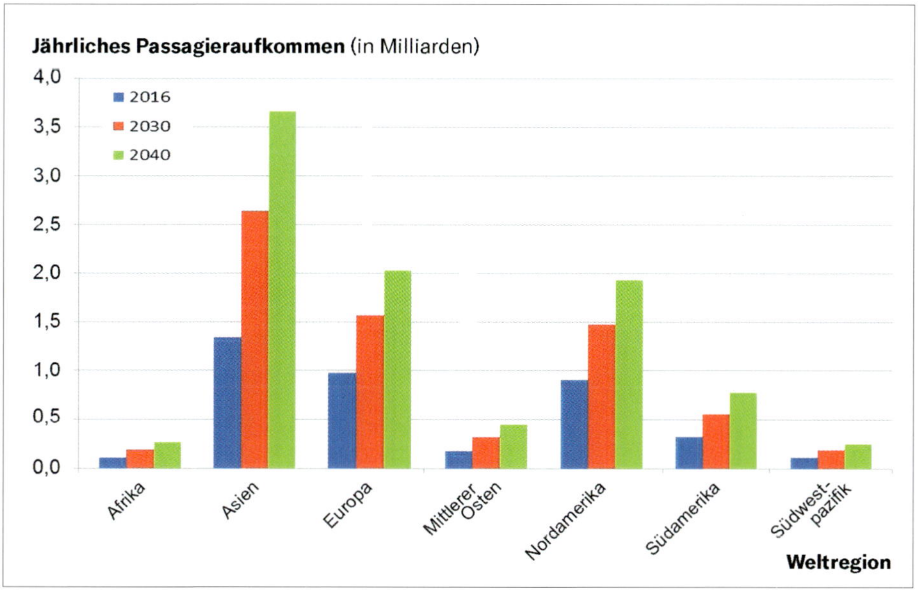

Laut Angaben der IATA ist bis zum Jahr 2040 in der weltweiten Verkehrsluftfahrt mit einem deutlichen Anstieg des Passagieraufkommens zu rechnen. Haupttreiber sind Asien, Europa und Nordamerika. (IATA)

nungen der Mission Possible Partnership (MPP) und des Weltwirtschaftsforums bis 2050 pro Jahr auf rund 160 Milliarden US-Dollar – kein Pappenstiel. Das Geld ist allerdings gut angelegt, denn Airlines, denen die Umrüstung der Flotte auf moderne, nachhaltige Maschinen beziehungsweise Antriebsarten wie Wasserstoff, Brennstoffzellen oder Elektromotoren bis dahin nicht gelingt, werden ihre Maschinen womöglich am Boden lassen müssen. Ob der Luftverkehr ab 2050 aber tatsächlich vollständig klimaneutral sein wird, ist bei allem derzeit und in den kommenden knapp drei Jahrzehnten betriebenen Aufwand trotzdem fraglich, denn „Net Zero" ist keine Garantie dafür. **(→ Exkurs: Net Zero – Die Null, die keine ist)**

„Der Weg in eine nachhaltige Zukunft ist für die Branche eine Mammutaufgabe", konstatiert auch Markus Fischer, Bereichsvorstand Luftfahrt am DLR in Köln. „Sie ist gleichwohl zu schaffen, wenn die Weichen jetzt – und richtig – gestellt werden." Eben diese Weichenstellung und die sich daraus ergebenden Handlungsoptionen sind ausgesprochen komplex, denn es gibt diverse Optionen, um den Luftverkehr nachhaltiger zu gestalten. Elektrifizierung, nachhaltiges Flugbenzin (Sustainable Aviation Fuel; SAF), Wasserstoff – jede dieser Neuerungen birgt Vor- und Nachteile. Und nicht alle Varianten sind für alle Sparten (Regionalflug, Kurzstrecke, Mittel- und Langstrecke) geeignet. Ein Königsweg ist bislang nicht in Sicht; die Forschung steht in allen genannten Bereichen noch am Anfang. Zudem mischen viele Player am Markt mit: Flugzeug- und Triebwerkhersteller, Airlines, Flughäfen, Touristikunternehmen, Energiekonzerne, Banken und etliche mehr. Sie alle haben naturgemäß ein unternehmerisches Ziel: Profitabilität. Weil die nicht aus den Augen verloren werden soll, fordern Konzernlenker wie Lufthansa-Chef Carsten Spohr „praktikable Übergangslösungen". Mit anderen Worten: Was nutzt das beste Klima, wenn die Airline pleite geht? Zu diesen Übergangslösungen zählt unter anderem die schrittweise Umstellung des Flugbetriebs von Kerosin auf SAF **(→ Kapitel 3)** sowie der vermehrte Einsatz von CO_2-Kompensationszertifikaten.

Die Phase des Übergangs dürfte nach Meinung von Spohr bis etwa 2035 dauern, was sich in etwa mit den Annahmen von Airbus und anderen Flugzeugherstellern deckt. Bis dahin kommt es darauf an, das Handeln der Marktakteure weltweit zu harmonisieren und zu koordinieren. Das erfordert diplomatisches Geschick, wohldosierten politischen Druck – und den Willen zu authentischer Nachhaltigkeit aufseiten der Airlines. Die wird von der Branche zwar gern beteuert, wie zuletzt von IATA-Chef Willie Walsh auf der Jahrespressekonferenz seines Verbands im Dezember 2022: „Unsere Mitglieder sind fest entschlossen, die Luftfahrtbranche bis 2050 CO_2-neutral aufzustellen“, ließ er die Medien wissen. „Und es ist allen bewusst, dass damit hohe Kosten beziehungsweise Rentabilitätseinbußen verbunden sind.“ Womöglich sind derlei Statements aber eher Lippenbekenntnisse, wie auf der Konferenz Aviation Carbon im Oktober 2022 in London zu hören war. Bei der prominent besetzten Fachtagung unweit des Flughafens Heathrow, an der auch Dutzende Airlines teilnahmen, die der IATA angehören, vertraten etliche Referenten und Referentinnen hinter vorgehaltener Hand die Meinung, dass etwa die von der EU verkündeten Nachhaltigkeitsziele im besten Fall utopisch seien, die beschlossenen Maßnahmen im schlechtesten Fall aber der Verkehrsluftfahrt große existenzielle Sorgen bereiten könnten. Dagegen sei die Handlungsweise der US-Luftfahrtbehörden, die lieber positive Anreize für die Industrie schaffen, statt Verbote zu verhängen, „weitaus zielführender und unternehmensfreundlicher“, wie ein Manager von Alaska Airlines durchblicken ließ. Da trifft Schwarzmalerei auf Angst, und die Suche nach dem Weg des geringsten Widerstands wird zum Ziel. Das florierende Geschäft mit CO_2-Zertifikaten

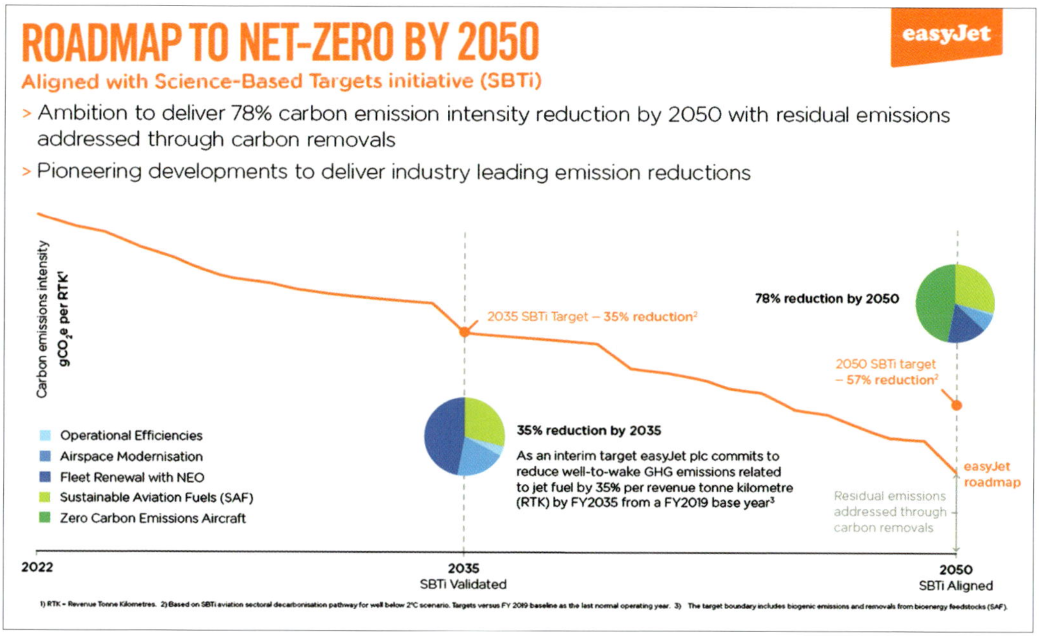

Bis zum Jahr 2050 will Easyjet den Gesamtausstoß an Treibhausgasen um 78 Prozent verringern. (Easyjet)

für Flugreisen – Kritiker sehen darin eine moderne Form des Ablasshandels, bei dem vor allem die Passagiere draufzahlen und die Natur nur bedingt geschützt wird – ist ein Beleg dafür (→ Exkurs: Carbon Offsetting – Das Geschäft mit dem schlechten Gewissen).

Nicht alle Airlines machen dabei mit. Mitte 2022 hatte sich etwa Easyjet vom sogenannten Carbon Offsetting verabschiedet, weil man „realistischere Nachhaltigkeitsziele“ als die in der Branche üblichen setzen wollte. Die Fluggesellschaft teilte überdies mit, dass es für sie bis 2050 nicht machbar sein werde, die klimarelevanten Emissionen ihrer Flüge auf null zu senken. Mehr als 78 Prozent seien nicht drin. Die restlichen 22 Prozent müssten mithilfe des sogenannten Carbon Removals aus der Atmosphäre entfernt werden, um „Net Zero“ zu erreichen (→ Exkurs: CO_2-Extraktion aus der Luft – Ein teures Unterfangen). Derlei Offenheit ist in der Branche selten anzutreffen, zumal alle höher, schneller, weiter und für die Passagiere attraktiver wirken wollen.

Zumindest oberflächlich. Momentan deutet vieles darauf hin, dass die Transformation zur nachhaltigen Luftfahrt für die Fluggäste eher zu einem teuren Vergnügen wird. Jüngstes Beispiel dafür, was sich Airlines alles einfallen lassen, um Passagiere für klimafreundliches Fliegen zur Kasse zu bitten, sind die seit Mitte Februar angebotenen sogenannten Green Fares der Lufthansa Group. In den Ticketpreisen ist bereits ein Betrag für den Ausgleich der flugbezogenen CO_2-Emissionen enthalten, der sich zu 20 Prozent aus Mehrkosten für das Fliegen mit nachhaltigem Treibstoff zusammensetzt, zu 80 Prozent aus Kompensationszahlungen an ausgewählte Klimaschutzprojekte. Damit will die Airline erreichen, dass Passagiere, die bislang für die durch ihre Flugreisen verursachten Klimaschäden nicht freiwillig zahlen wollten, dies nun doch vermehrt tun. Die Mehrkosten für Fliegende sind beträchtlich: Aus einem bisherigen Eco-Light-Ticket für 129 Euro wird ein Economy-Green-Ticket für 239 Euro – das etwas mehr Freigepäck und bessere Umbuchungsmöglichkeiten bietet. Interessantes Detail: Beim LH-Billigflieger Eurowings gibt es keine Green Fares. Was die Frage aufwirft, welche Marketing-Logik dahintersteckt – womöglich die Überlegung, dass Leute, die mit Low-Cost-Airlines fliegen, ohnehin keine klimafreundlicheren Tickets kaufen würden? Pre-Tests in Skandinavien hatten im vergangenen Sommer jedenfalls ergeben, dass immerhin zwei Prozent der dortigen Passagiere die grünen Tickets gebucht haben. Zum Vergleich: Die bislang von der Lufthansa angebotene Zubuchungs-Möglichkeit von Klimazertifikaten wurde von nur 0,1 Prozent der

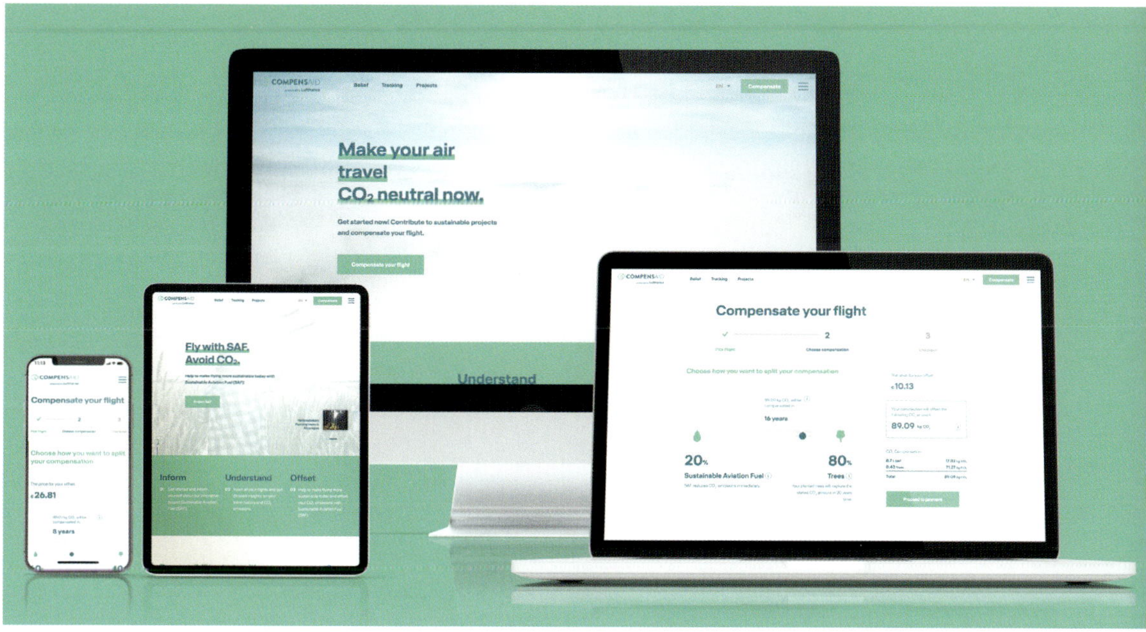

Die Lufthansa Group hat Anfang 2023 sogenannte Green Fares eingeführt. Passagiere können bei der Buchung von Flugtickets wählen, ob sie Klimaprojekte unterstützen oder mithilfe von nachhaltigem Treibstoff die Emissionen ihres Fluges kompensieren wollen. Teurer wird das Ticket in jedem Fall. (Lufthansa)

Fluggäste genutzt. Das Statement von Lufthansa-Vorstandsmitglied Christina Förster anlässlich der Vorstellung der neuen Tarife – „Menschen wollen nicht nur fliegen und die Welt entdecken, sie wollen sie zugleich auch schützen“ – mag zwar gut klingen, ist aber zunächst nur ein frommer Wunsch der Lufthanseatin.

Wobei sich die nächste Frage aufdrängt: Sind die Margen der Airlines so niedrig, dass für Fluggesellschaften das Verursacherprinzip nicht zur Anwendung kommen kann, sie als Verursacher von Klimaschäden mithin nicht für deren Vermeidung oder Beseitigung in die Pflicht genommen werden können, weil sie dann in die Pleite fliegen könnten? Laut Angaben des Statistischen Bundesamts von Januar 2023 trifft das zwar für die Pandemie-Jahre zu, als viele Unternehmen knapp an der Zahlungsunfähigkeit vorbeischrammten und nur mit staatlichen Finanzspritzen überleben konnten. Doch vor der Pandemie hatte die Branche fünf fette Jahre erlebt: mit weltweit gemittelten EBIT-Margen zwischen 8,6 Prozent (2015) und 5,2 Prozent (2019). Der moderate Rückgang sei Analysten zufolge unter anderem darauf zurückzuführen, dass im da-

Exkurs:

Net Zero – Die Null, die keine ist

Ob Flugzeughersteller, Airlines, Treibstoffkonzerne, Flughäfen oder Ticketing-Agenturen – die gesamte Luftfahrtbranche hat sich nach den mageren Jahren der Corona-Pandemie ein neues Ziel gesetzt: Net Zero. In nicht allzu ferner Zukunft soll der Luftverkehr demnach klimaneutral werden, verkünden die Marktakteure. Doch was genau bedeutet Net Zero? Wer eine Antwort darauf sucht, findet schnell heraus: Die Netto-Null ist gar keine Null.

Fast alle Luftverkehrsverbände und viele Airlines haben inzwischen kundgetan, wie und bis wann sie die Emissionen der Verkehrsluftfahrt auf netto null reduzieren wollen, darunter die International Air Transport Association (IATA), die Air Transport Action Group (ATAG), das International Transport Forum (ITF) sowie die Aerospace Industries Association (AIA). Einig sind sich die Akteure darin, dass spätestens ab 2050 das von der Verkehrsluftfahrt kontinuierlich emittierte Kohlendioxid (CO_2) vollständig wieder aus der Atmosphäre entfernt werden muss, um den Treibhauseffekt einzudämmen – und damit dem drohenden Klimakollaps entgegenzuwirken.

Um die konkurrierenden Pläne zu harmonisieren, rief die Internationale Zivilluftfahrtorganisation (ICAO) ihre Mitgliedsstaaten dazu auf, global einheitliche Kriterien für die Dekarbonisierung der Luftfahrt zu erarbeiten. Im Oktober 2022 gelangten die Delegierten bei einer Tagung in Montréal zu einer Einigung – und verkündeten sogleich einen „historischen Durchbruch“. Ab 2050 darf die weltweite Luftverkehrsbranche demnach nicht mehr CO_2 produzieren, als sie imstande ist, wieder aus der Atmosphäre zu entfernen. Diese Vorgabe gilt zugleich für die fast 300 Airlines, die Mitglied in der IATA sind.

Der Weg zur vermeintlichen CO_2-Freiheit soll in mehreren Stufen erfolgen: Die globale Verfügbarkeit klimaneutral produzierten nachhaltigen Flugbenzins (SAF;→ Kapitel 3) spielt dabei eine Schlüsselrolle. Bis 2030 könnten nach Schätzungen der Internationalen Energieagentur (IEA) etwa 15 Prozent des Kerosinbedarfs weltweit durch SAF ersetzt werden. In den verbleibenden 20 Jahren soll der Anteil auf 85 Prozent steigen, heißt es seitens der ICAO. Parallel will die Branche mit dem Kompensationprogramm Corsia (→ Exkurs: CO_2-Kompensation) die Klimabilanz verbessern. Ferner seien durch den Einsatz elektrisch angetriebener Maschinen auf Regional- und Kurzstrecken und die Nutzung von Wasserstoff als Energieträger auf Mittelstrecken und womöglich sogar Langstrecken ab Mitte des Jahrhunderts weitere entscheidende CO_2-Einsparungen möglich. Hinzu kämen Effizienzsteigerungen der Antriebsaggregate und Verbesserungen beim Luftverkehrs-Management (Air Traffic Management; ATM), zum Beispiel kürzere und wetteroptimierte Routen (→ Exkurs: Klimafreundliche Flugrouten).

Das Ziel der ICAO, bis 2050 den CO_2-Ausstoß um 85 Prozent zu reduzieren, entspricht in etwa dem, was die EU in ihrem sogenannten Green Deal formuliert hat. Dort heißt es: „Um Klimaneutralität zu erreichen, müssen die verkehrsbedingten Emissionen bis 2050 um 90 Prozent gesenkt werden." Als Zwischenziel hat die EU vorgegeben, dass die CO_2-Emissionen im Verkehrssektor im Vergleich zu 1990 bis 2030 um 55 Prozent sinken müssen, also nur noch 45 Prozent des Wertes von 1990 betragen dürfen. Dieses Vorhaben wird „Fit for 55" genannt.

Die Net-Zero-Roadmap der ICAO wirkt auf den ersten Blick ehrgeizig, offenbart im Detail aber etliche Lücken. Kein Wunder, dass sich sowohl einige Airlines und Flugzeughersteller als auch Umweltverbände – trotz oder wegen oft diametral entgegengesetzter Interessen – nach Bekanntwerden des Plans zu Wort meldeten, ihn als unzureichend kritisierten und auf ihre eigenen Ideen für den Klimaschutz verwiesen. Gravierender Schwachpunkt des Net-Zero-Ansatzes – ob von der ICAO oder von anderen Akteuren formuliert – ist die Fokussierung auf CO_2, das bekanntlich nur knapp ein Drittel der Emissionen im Flugverkehr verursacht (→ Kapitel 1). Die sogenannten Nicht-CO_2-Bestandteile (Stickoxide, Ruß u. a.), von denen einige auch bei der Verbrennung von SAF und Wasserstoff entstehen, spielen in vielen bislang entwickelten Net-Zero-Szenarien keine Rolle. Auch in dem 2022 federführend vom Weltwirtschaftsforum und der Unternehmensberatung McKinsey entwickelten Strategiepapier „Making Net-Zero Aviation Possible" werden sie nur am Rande erwähnt.

Im Übrigen sind auch Flugzeuge, die mit Wasserstoff angetrieben werden, nicht emissionsfrei unterwegs – auch wenn die Net-Zero-Roadmaps vieler Airlines und Verbände diesen Punkt aussparen: Ähnlich wie CO_2 wirkt Wasserdampf, der bei der Verbrennung in Gasturbinen entsteht, im langwelligen Teil der thermischen Abstrahlung der Erde. Die Größe des Strahlungsantriebs, also der Erwärmung der Luft, hängt von der Temperaturdifferenz zwischen dem Boden und der Höhe ab, in der Wasserdampf emittiert wird. In Reiseflughöhe ist die Atmosphäre besonders kalt – und somit der Strahlungsantrieb sehr groß. Auch wenn der Effekt nicht so langlebig wie der von CO_2 ist: Ausklammern darf man ihn tatsächlich nicht.

Derweil stellte Volker Grewe vom DLR-Institut für Physik der Atmosphäre in einem 2021 vom Magazin *Nature* veröffentlichten Beitrag fest, dass die aktuell publizierten Emissionsminderungen der Luftfahrtbranche zwar wichtig seien, letztlich aber nicht genügten, um die Ziele des Pariser Abkommens zu erreichen. Verglichen mit der Flightpath-2050-Strategie der EU-Kommission schnitten die Klimaschutzpläne der ICAO und anderer Player durchweg schlechter ab – auch weil das Corsia-Kompensationsprogramm darin zu viel Gewicht habe. „Die Emissionen in der Verkehrsluftfahrt bis 2050 praktisch auf null zu senken, schafft laut unseren Untersuchungen keiner der Net-Zero-Ansätze", so Grewe.

Der Hamburger Luftverkehrsforscher Dieter Scholz, Professor an der Hochschule für Angewandte Wissenschaften, zieht in seiner Beurteilung der Net-Zero-Strategien ebenfalls ein ernüchterndes Fazit: „Wir sollten uns von der Industrie keine Märchen erzählen lassen: Der Luftverkehr wird weiterhin klimabelastende Emissionen verursachen. Das liegt zum einen an der Natur der motorisierten Fortbewegung, bei der Energie verbraucht wird, zum anderen an der Tatsache, dass auch fossilfreie Energieträger wie Wasserstoff nicht rückstandslos verbrennen. Der dabei entstehende Wasserdampf entweicht in die Atmosphäre und richtet dort – zumindest kurzfristig – Schäden an.“ Hinzu komme, so Scholz, dass die Herstellung von nachhaltigem Flugbenzin ebenso wie von fossilfrei gewonnenem grünen Wasserstoff viel Primärenergie verbraucht. „Um die Luftfahrt auf Net Zero zu trimmen, müssen die Produktionsverfahren ebenfalls CO_2-frei sein.“ Wann die Energiekonzerne die für den globalen Luftverkehr notwendigen Mengen nachhaltiger Treibstoffe bereitstellen können, sei zurzeit völlig ungeklärt (→ Kapitel 3).

Kritik kommt auch vonseiten der Umweltschutzverbände: Jo Dardenne, Direktorin des Bereichs Luftfahrt beim Thinktank Transport & Environment in Brüssel, bemängelt an dem Net-Zero-Vorhaben der ICAO etwa, dass „bis 2030 nur 22 Prozent der klimaschädlichen Emissionen vermieden werden sollen, vorwiegend durch CO_2-Kompensation“. Das geplante Vorgehen sei letztlich eine Ansammlung „leerer Versprechen, die den Klimaschutz nicht voranbringen, sondern den Airlines helfen, profitabel zu sein“. Dardenne setzt ihre Hoffnungen derweil auf die EU und „Fit for 55“: „Wenn es der Branche ernst ist, sollte sie aufhören, die EU von ihren Plänen abzubringen, die Emissionen von abfliegenden Maschinen zu bepreisen und die verpflichtende Nutzung nachhaltiger Treibstoffe durchzusetzen.“ Auch die geplante Besteuerung von Kerosin, die 2024 in der EU eingeführt werden soll, trage zu einer Verringerung der Klimabelastung bei, meint Dardenne, da die daraus resultierenden Preiserhöhungen das Flugreiseaufkommen drosseln würden.

Richtig teuer wird das Fliegen mit Kerosin aber erst in den 2030er Jahren: Ab 2024 will die EU-Kommission rund vier Cent pro Liter Kerosin erheben, acht Cent ab 2025 – und 40 Cent ab 2033. Ob die Pläne von allen EU-Mitgliedsländern ratifiziert werden, muss sich noch zeigen.

maligen Zeitraum bereits höhere Umweltabgaben die Bilanzen der Konzerne belasteten. Einige Airlines verzeichneten gleichwohl für 2022 wieder überraschend hohe operative Margen. United Airlines etwa teilte den Aktionären im vergangenen Oktober mit, dass die Geschäfte so glänzend liefen, dass man eine Marge von rund zehn Prozent erzielt habe. Die wegen des Ukrainekriegs gestiegenen Spritkosten schmälerten freilich den Gewinn.

Bei genauerem Hinsehen formt sich indes der Verdacht, dass die künftig anstehenden, viel höheren Kosten des Nachhaltigkeitsumbaus vor allem auf die Kundschaft abgewälzt werden sollen. Eine der absehbaren Folgen dieser Strategie: Steigende Ticketpreise führen zwangsläufig dazu, dass Menschen weniger fliegen als bisher – was für das Klima zweifellos ein Segen wäre. Für die Airlines aber käme es einem Fluch gleich, weil die Nachfrage nachhaltig einbräche. Anders gesagt: Was dem Klima mittel- und langfristig nutzt, schadet kurz- bis mittelfristig den Fluggesellschaften und den Passagieren.

Damit die Rechnung am Ende doch für alle Beteiligten aufgeht, haben sich kluge Köpfe in aller Welt viele Gedanken gemacht. Herausgekommen bei diesem internationalen, multidisziplinären Dauer-Brainstorming sind Dutzende, mitunter recht unterschiedliche sogenannte Roadmaps, die der Luftfahrtbranche den Weg zur Klimaneutralität weisen wollen. Wie sehr und worin sich die Modelle unterscheiden, hat Nikhil Sachdeva für die Unternehmensberatung Roland Berger untersucht. Kürzlich präsentierte er die Ergebnisse. Demnach gibt es zwei Kategorien von Roadmaps: jene, die realistische Annahmen zugrunde legen – Sachdeva nennt sie „Art of the Probable" – und solche, die darauf setzen, dass sich die Technik des nachhaltigen Fliegens schneller als erwartet entwickelt; für Sachdeva ist das die „Art of the Possible". Beide Kategorien setzen auf die Entwicklung neuer Flugzeug- und Antriebstypen (→ Kapitel 4 bis 6), die Optimierung von Flugrouten und Infrastruktur (→ Exkurs: Klimaoptimierte Flugrouten), die Nutzung nachhaltiger Treibstoffe (→ Kapitel 3) sowie den Einsatz von Kompensationsprogrammen (→ Exkurs: CO_2-Kompensation). Sie unterscheiden sich allerdings gravierend in den Annahmen, ab wann neue technische Entwicklungen marktreif sein werden, welche Antriebsarten sich durchsetzen werden – und wie viel CO_2 im Jahr 2050 von Flugzeugen weiterhin emittiert werden wird. Von einer echten „Net Zero"-Roadmap sind einige der untersuchten Kandidaten weit entfernt.

So rechnet die International Civil Aviation Organization (ICAO) der Vereinten Nationen im Basis-Szenario ihres sogenannten Long Term Aspirational Goals (LTAG) für 2050 infolge des massiv zunehmenden Luftverkehrs sogar mit einer Erhöhung der THG-Emissionen auf das 1,6-Fache verglichen mit 2019. Nur rund ein Drittel dieser Emissionen könne durch den Einsatz moderner Transportmittel und optimierter Infrastruktur vermieden werden; fast zwei Drittel müssten kompensiert werden. Von wahrhaftigem Klimaschutz kann da nicht die Rede sein, allenfalls von Bestandswahrung. Für Markus Fischer, Bereichsleiter Luftfahrt beim DLR, wäre ein solches Szenario „schlichtweg eine Katastrophe". Klimaneutrale Luftfahrt sei nur dann möglich, betont er, wenn „die Emissionen des Luftverkehrs vom steigenden Verkehrsaufkommen entkoppelt werden, das sich alle 15 Jahre in etwa verdoppelt". Eine funktionierende Roadmap müsse sich eher am European Green Deal der EU orientieren, der das Wirtschaftswachstum in den Mitgliedsländern von der Ressourcennutzung strikt abkoppelt.

Geradezu irritierend ist die Prognose im Basis-Szenario der ICAO, wonach bis 2050 nicht mehr als 16 Prozent der weltweiten Verkehrsflüge mit nachhaltigem Flugbenzin (SAF) durchgeführt würden. Im optimistischen ICAO-Szenario hingegen, das Sachdeva in der Kategorie „Art of the Possible" verortet, spielt SAF eine wesentlich wichtigere Rolle (55 Prozent der Emissionen sollen durch SAF vermieden werden); unterm Strich bleiben bei dieser Roadmap im Jahr 2050 aber 13 Prozent der emittierten Treibhausgase als negativer Klimafaktor bestehen.

Bislang geht neben der von Sachdeva und seinem Team entwickelten „Roadmap to True Zero", die vor allem auf Wasserstoff als künftigen Energieträger setzt, nur ein anderes der veröffentlichten „Net Zero"-Papiere davon aus, dass alle klimarelevanten Emissionen der Luftverkehrsbranche bis 2050 auf Null gesenkt werden können. Es wurde von der Umweltorganisation Transport & Environment (T&E) in Zusammenarbeit mit der Luftfahrtindustrie und führenden Wissenschaftlern entwickelt. Kern der 2022 vorgestellten „Roadmap to climate neutral aviation in Europe" ist neben der durchaus realistischen Annahme, dass revolutionäre neue Antriebs- und Flugzeugtypen (Wasserstoff, Brennstoffzellen usw.) frühestens ab 2040 in entscheidenden Stückzahlen vorhanden sein werden, eine straffe Optimierung des Luftverkehrs und seiner Infrastruktur. Hinzu kommen regulatorische Maßnahmen wie die Besteuerung von Kerosin und der Verzicht auf das nach Meinung der Roadmap-Autoren untaugliche CO_2-Kompensationsinstrument Corsia. Auch ein Rückgang bei den Geschäfts- und Urlaubsflugreisen wird in dem Modell als vorteilhaft bewertet. Bis 2035 müsse ein ausgefeiltes Bedarfsmanagement dafür sorgen, so die T&E-Studie, dass die Anzahl der Flugreisen in Europa spürbar zurückgeht. Dies sei unter anderem dadurch erreichbar, dass Unternehmen ihre Beschäftigten nur noch dann auf Geschäftsreisen schicken, wenn es keine Alternativen wie etwa virtuelle Meetings gibt, sowie durch eine stärkere Nutzung des Schienennetzes. Allein in Europa ließen sich bis 2050

Exkurs: (ESG)

Carbon Offsetting – Das Geschäft mit dem schlechten Gewissen

Das sogenannte Carbon Offsetting, bei dem pro zurückgelegtem Flugkilometer ein Geldbetrag gezahlt wird, der nachhaltigen Infrastrukturprojekten in aller Welt, vor allem aber dem globalen Süden zugute kommt, verschafft der Luftverkehrsbranche kostbare Zeit – ganz offziell, von der EU und weltweit von vielen Staaten politisch gewollt und abgesegnet. Für die Befürworter, zu denen inzwischen die meisten großen Airlines zählen, stellt es ein wichtiges Instrument für den Klimaschutz und den Wandel zu einem nachhaltigeren Luftverkehr dar. Die International Airlines Group (IAG) etwa, der unter anderem British Airways und Iberia angehören, aber auch viele andere Fluggesellschaften, darunter Lufthansa, wollen bis 2035 die Methode nutzen, um die Emissionen ihrer Flüge zu kompensieren.

Im Zentrum des 2016 von der Internationalen Zivilluftfahrtorganisation (ICAO) der Vereinten Nationen ausgehandelten Carbon Offsetting and Reduction Scheme for International Aviation (Corsia), eines umfangreichen Regelwerks für Kompensationszahlungen, steht das UN-Klimasekretariat, das die Sammlung und Zertifizierung der zugelassenen Projekte koordiniert. Fluggesellschaften erwerben die CO_2-Zertifikate an Börsen – und erkaufen sich dadurch das Recht, internationale Flüge durchführen zu dürfen. Als 2020 das Kyoto-Protokoll auslief, das bis dahin den globalen Handel mit Emissionszertifikaten geregelt hatte, gab es Befürchtungen, dass sich die mit Corsia abgewickelten Zertifikate mit jenen doppeln könnten, die im seit 2021 länderkontrollierten Emissionshandel ausgestellt werden, sprich: Dieselbe Menge CO_2

konnte theoretisch zweimal kompensiert werden. Das sorgte nicht nur an den Handelsplätzen für Unruhe. 2022 einigten sich die Corsia-Vertragsstaaten schließlich auf ein Prozedere, das diesen Missbrauch verhindern und mit dem Pariser Klimaschutzabkommen vereinbar sein soll. Bis 2035 strebt die ICAO an, die CO_2-Emissionen eines Großteils der Verkehrsleistung der internationalen Luftfahrt durch Corsia zu kompensieren; bis 2050 will die Organisation laut ihrem jüngst proklamierten sogenannten Long Term Aspirational Goal den Luftverkehr komplett klimaneutral machen. Allerdings haben erst 88 Staaten den Vertrag unterzeichnet, darunter 44 europäische Länder, die USA, Kanada und Japan.

So ambitioniert das Vorhaben klingen mag – Corsia hat etliche Nachteile: Zum einen gilt das Regelwerk nur für internationale Flüge zwischen Staaten, die an dem System teilnehmen. Alle anderen Länder und Inlandsflüge bleiben außen vor. Zum anderen sind der sogenannte Gold-Standard und andere Methoden, mit der die Nachhaltigkeit der gesponserten Infrastrukturprojekte geprüft werden, nach Meinung vieler Experten nicht strikt genug. Das Wissenschaftskonsortium NDC rät daher, die Beurteilung der Qualität der Kompensationsprogramme dringend zu verbessern, „um sicherzustellen, dass Corsia einen sinnvollen Beitrag zum Klimaschutz leistet".

Kritik an Corsia kommt von vielen Seiten, bisweilen wird das System sogar als moderne Form des Ablasshandels bezeichnet, bei dem nicht die Airlines selbst, sondern die Passagiere zur Kasse gebeten werden. Klimaschutzverbände bemängeln zudem – ebenso wie das NDC –, dass die Zertifikate nur emittiertes CO_2 kompensieren, alle anderen klimarelevanten Emissionen des Luftverkehrs aber außen vor bleiben. Im Grunde müssten die für die Zertifikate berechneten Summen mit dem Faktor drei multipliziert werden, wenn der tatsächliche Umweltschaden – zumindest finanziell – neutralisiert werden soll.

Auch in einer bislang unveröffentlichten, 2020 für die EU durchgeführten Studie schneidet Corsia schlecht ab. Dort heißt es etwa, dass das von der ICAO initiierte Programm nicht geeignet sei, die CO_2-Emissionen weltweit zu senken, da einige Länder von vornherein ausgeschlossen haben, daran teilzunehmen: darunter China, Russland, Indien und Brasilien – allesamt Staaten mit hoher und steigender Luftverkehrsdichte. Da Corsia zunächst auf Freiwilligkeit basiere, so die Studienautoren, habe die ICAO keine rechtliche Handhabe, Staaten zur Teilnahme zu zwingen. Zudem sei die Emissionsabgabe pro Tonne CO_2 mit weniger als 1 Euro viel zu niedrig angesetzt. Airlines könnten sich zu Dumping-Preisen mit Zertifikaten eindecken, ohne die Betriebskosten signifikant zu erhöhen, wodurch keinerlei Anreize für eine wirkliche Dekarbonisierung geschaffen würden.

Überdies mangelt es dem Carbon Offsetting an Transparenz, und längst nicht alle von den Zertifikaten profitierenden Projekte sind nachvollziehbar nachhaltig, wie unabhängige Studien gezeigt haben. „Interessierten Menschen ist es nicht möglich, Messdaten zu beschaffen, die für eine fachgerechte Verifizierung der CO_2-Einsparungen nötig sind", resümiert etwa André Thess, Direktor des DLR-Instituts für Technische Thermodynamik in Stuttgart, in einer 2020 durchgeführten Untersuchung zum Carbon Offsetting bei den seinerzeit am deutschen Markt vertretenen Kompensationsanbietern, darunter Marktführer Atmosfair. Entscheidender Schwachpunkt der Angebote: „Passagiere und Öffentlichkeit haben keinen Zugriff auf die Projektdaten und sind auf den Wahrheitsgehalt der Prüfberichte sowie auf die Unabhängigkeit der Inspektoren angewiesen." Und darauf sei nicht unbedingt Verlass: „Keines der in der Studie betrachteten Kompensationsprojekte erfüllte das Kriterium der öffentlichen Verifizierbarkeit", so der DLR-Forscher. Es sei zudem anzunehmen, dass die „praktische Effizienz der Kompensation weit unter der theoretischen" liege. Unstrittig sei ohnehin, dass die Kompensationsmaßnahmen die CO_2-Emissionen der Luftfahrt nicht verringern, betont der DLR-Forscher, sondern lediglich die „Emissionsminderung auf andere Wirtschaftszweige auslagern".

Auch Magdalena Heuwieser, Sprecherin der britischen Umweltorganisation Stay Grounded, warnt davor, Kompensationsprogramme grundsätzlich als klimaschonend einzustufen: „Untersuchungen diverser solcher Programme haben gezeigt, dass die meisten von ihnen keine Verminderung der Emissionen bewirken." Es sei geradezu „heuchlerisch, die Menschen beispielsweise in Uganda dafür zu bezahlen, dass sie energiesparende Kochutensilien verwenden, nur um dadurch den Menschen in den Ländern des globalen Nordens ein gutes Gewissen zu verschaffen – und den Airlines weiterhin das Fliegen mit klimaschädlichen Treibstoffen zu ermöglichen".

Hinzu kommt: Den Löwenanteil der Kompensationskosten tragen unterm Strich die Passagiere, die mit ihrem Obolus ihr Gewissen beruhigen, weil sie den Eindruck gewinnen, dass ihr Flug das Klima nicht belaste. Solange aber die genannten Schwächen nicht behoben sind, ist Carbon Offsetting kaum mehr als eine Übergangslösung – die das Klima nicht einmal marginal verbessert.

auf diese Weise knapp 200 Millionen Tonnen an CO_2-Emissionen einsparen. „Die Corona-Pandemie hat gezeigt, dass ein solches Umdenken möglich ist", meint Silke Bölts, eine der Autorinnen der Roadmap. Dieser Trend werde sich fortsetzen, „auch weil sich immer mehr Unternehmen ambitionierte Klimaschutzziele setzen".

Ein weiteres Lenkungsinstrument auf dem Weg zur klimaneutralen Luftfahrt ist im Emissionshandel der Europäischen Union (EU ETS) verankert: „Durch eine Verschärfung der CO_2-Bepreisung auf zunächst 100 Euro pro

Ein Tankfahrzeug des SAF-Herstellers Neste bringt nachhaltigen Treibstoff zu einem Flugzeug. (Neste)

Tonne im Jahr 2030 und schließlich auf 200 Euro pro Tonne im Jahr 2050 ist mit einem signifikanten Rückgang der Nachfrage nach Flugreisen zu rechnen, der bis 2050 zu einer Senkung der CO_2-Emissionen um fast 150 Millionen Tonnen führen kann", heißt es in der T&E-Studie. Das entspräche knapp einem Viertel der gesamten Emissionseinsparungen im deutschen Luftverkehr bis 2050. Schließlich empfehlen die Autorinnen und Autoren ab 2025 die Einführung einer moderaten Kerosinsteuer in Höhe von 0,33 Cent pro Liter. Durch die Summe der Maßnahmen und den schrittweisen Umstieg auf SAF als Flugkraftstoff könnten die CO_2 -Emissionen in Europa bis 2050 um 900 Millionen Tonnen gesenkt werden – was laut einer Prognose der Internationalen Energieagentur (IEA) in der Tat einem Rückgang auf Null gleichkäme.

Fragt sich, ob diese Roadmap zu den realistischen oder eher zu den optimistischen gehört? Im Detail betrachtet, offenbart das T&E-Modell zwei Schwachstellen: Es setzt zum einen voraus, dass die Nachfrage nach Flugreisen in den kommenden zwei bis drei Jahrzehnten kontinuierlich sinkt, zum anderen wird darin als gegeben angenommen, dass ausreichend Produktionskapazitäten und Rohstoffe für die Herstellung großer Mengen an nachhaltigem Flugbenzin vorhanden sein werden. Weder das eine noch das andere darf jedoch als gesetzt gelten. Bei der Nachfrage etwa widerspricht die T&E-Roadmap nahezu allen anderen Prognosen zum Passagieraufkommen im Luftverkehr in den kommenden zehn bis 20 Jahren. So gelangte eine Studie des DLR-Instituts für Flughafenwesen und Luftverkehr zu dem Ergebnis, dass sich die Anzahl der Passagiere in Europa bis 2040 im Vergleich zu 2016 von 900 Millionen auf gut zwei Milliarden mehr als verdoppeln werde. Für Nordamerika ermittelten die Forschenden ähnliche Wachstumsraten, für den asiatischen Raum sogar eine Verdreifachung auf rund 3,7 Milliarden Fluggäste im Jahr 2040. Auch die IATA geht von einer stetig steigenden Passagieranzahl aus und rechnet für 2040 mit weltweit 7,8 Milliarden Fluggästen pro Jahr. Etwas kleinlaut räumen die Autoren der T&E-Studie an anderer Stelle ein: Falls die Nachfrage im Luftverkehr nicht wie angenommen zurückgehe, „wäre eine signifikant höhere Menge an grünen synthetischen Kraftstoffen erforderlich". Konkret: Der SAF-Bedarf für 2050 würde sich von 193 auf 399 Petajoule (PJ) verdoppeln, die Nachfrage nach grünem Wasserstoff stiege von 43 auf 80 PJ.

Die Mission Possible Partnership hat inzwischen ausgerechnet, wie viele SAF-Anlagen nötig wären, um diesen Bedarf zu decken: je nach technologischem Reifegrad der Verfahren zwischen 1.600 und 3.400 Produktionsstätten weltweit. In einer nicht unwichtigen Randnotiz betonen die MPP-Analysten, dass es aufgrund des schieren Ausmaßes des Branchenumbaus zwingend nötig sei, bereits jetzt den Ausbau der SAF-Infrastruktur massiv voranzutreiben. „Innerhalb der kommenden knapp drei Jahrzehnte muss dieser Markt um den Faktor 8.000 wachsen", betont auch Alastair Blanshard, Nachhaltigkeits-Manager beim Beratungskonzern ICF. Unternehmen, die sich darin bewegen, benötigten zudem Investitionssicherheit, denn die Risiken seien sehr hoch: „Je nach Net-Zero-Szenario kann die weltweite SAF-Nachfrage ganz unterschiedliche Dimensionen annehmen", erläutert Blanshard. „Das Destination-2050-Modell der EU und mehrere Hochrechnungen britischer Institute empfehlen einen schnellen Ausbau der Wasserstoff- und Elektro-Infrastruktur; SAF spielt dort keine so wichtige Rolle. Dagegen sehen die Air Transport Action Group (ATAG) und Mineralölkonzerne wie Shell SAF als treibenden Faktor beim Umbau der Branche." Aus dieser Ungewissheit resultiere die aktuelle Zurückhaltung institutioneller Investoren bei der Finanzierung von SAF-Anlagen, folgert der ICF-Analyst. Das sei vor allem in den EU-Staaten und in

Durch den Formationsflug sollen Verkehrsflugzeuge künftig weniger Sprit verbrauchen. Allerdings sind damit hohe Anforderungen an das Flugverkehrsmanagement verbunden. (Airbus)

Großbritannien der Fall. In den USA hingegen profitierten Start-ups und etablierte Unternehmen, die nachhaltiges Flugbenzin produzieren wollen, von der Politik der Biden-Administration – das Investitionsklima sei dort trotz hoher Inflationsrate und aktueller Hochzinspolitik deutlich freundlicher. „Deshalb ist es umso wichtiger, dass Airlines verbindliche Zusagen machen, wie viel SAF sie den Herstellern in den kommenden zwölf bis 24 Monaten abnehmen werden, sodass in der kritischen Phase des Produktionshochlaufs mehr Planungssicherheit herrscht", sagt Blanshard. Bislang haben jedoch erst wenige Fluggesellschaften solche Zusagen gemacht – auch weil SAF deutlich teurer ist als herkömmliches Kerosin. Insofern ist die EU-Entscheidung zu begrüßen, verpflichtende SAF-Quoten für Airlines einzuführen, die in der EU starten und landen, da sie den Markthochlauf entscheidend befeuern können. Ernüchternd ist hingegen, dass die bisher weltweit angekündigten SAF-Produktionsmengen gerade einmal vier Prozent des benötigten Flugbenzins ausmachten: „Da ist noch viel Luft nach oben“, betont Blanshard, „und das bedeutet schlicht und ergreifend, dass wir entweder die Kapazitäten für nachhaltigen, CO_2-neutral produzierten Treibstoff sehr schnell stark ausbauen – oder in ein paar Jahren mit dem Fliegen aufhören müssen, weil uns ansonsten das Klima um die Ohren fliegt.“ Dass ein solcher Ausbau durchaus möglich wäre, hätten aktuelle Berechnungen der International Renewable Energy Agency (IRENA) gezeigt.

Um das Investitionsklima in Europa zu verbessern, schlägt die European Union Aviation Safety Agency (EASA) in ihrem Luftfahrt-Umweltbericht 2022 zudem vor, den Innovationsfonds des EU ETS anzuzapfen. Gelder aus diesem Topf könnten entweder Unternehmen direkt finanziell unterstützen, die SAF-Produktionsanlagen errichten und betreiben wollen, oder als Absicherung für Kreditrisiken eingesetzt werden. Ferner setzt sich die EASA dafür ein, dass die EU eine Clearing-Stelle für das hochkomplizierte Zulassungsverfahren neuer Kraftstoffarten einrichtet. Dadurch könnte deren Zertifizierung wesentlich beschleunigt werden. Ferner sei es nötig, SAF in Reinform als Treibstoff zuzulassen, um die Belastung durch fossile Schadstoffe schnellstmöglich zu senken.

Die Liste der EASA-Vorschläge benennt auch eine weitere Achillesferse des europäischen Luftverkehrs: das mangelhafte Air Traffic Management. Hier seien mit der Einführung neuer Technologien entscheidende CO_2-Einsparungen erreichbar, etwa durch den sogenannten Formationsflug, bei dem Flugzeuge im Windschatten der jeweils vorausfliegenden Maschine unterwegs sind. Der sich daraus ergebende geringere Treibstoffverbrauch ist außerdem besonders wirtschaftlich. Überdies sei es dringend geboten, die Single-European-Sky-Richtlinie (SES) für einen einheitlichen europäischen Luftraum besser in der Praxis umzusetzen. Das würde es Navigationsdienstleistern, Fluglotsen, Flughäfen und anderen Branchendienstleistern einfacher machen, Pilotinnen und Piloten optimierte, nachhaltige Flugrouten zuzuweisen, wodurch zum Beispiel die Bildung klimaschädlicher Kondensstreifen weitgehend vermieden werden könnte. Bislang scheitert die optimale SES-Umsetzung an diametral entgegengesetzten Interessen diverser EU-Staaten (→ **Exkurs: Klimafreundliche Flugrouten**).

Exkurs:

Klimaoptimierte Flugrouten

„Wir haben nun unsere Reiseflughöhe von 11.600 Metern erreicht." – Solche Ansagen aus dem Cockpit dürften vermutlich bald Geschichte sein. Denn obwohl der Luftwiderstand in großen Höhen geringer ist und der Spritverbrauch der Flugzeuge dadurch sinkt, werden Airlines ihre Pilotinnen und Piloten künftig dazu anhalten, niedrigere Routen einzuschlagen, um klimaschonender von A nach B zu fliegen. Spätestens dann, wenn die Kosten für emittiertes CO_2 und andere klimaschädliche Abgase höher sind als die durch eventuelle Umwege steigenden Spritkosten, werden derart optimierte Routen nicht nur klimafreundlicher, sondern auch wirtschaftlicher. „Um individualisierte Flugrouten für alle Flugbewegungen innerhalb eines Luftraums zu berechnen, muss das Luftverkehrsmanagement deutlich stärker automatisiert werden, als das heute der Fall ist", sagt Anke Kaysser-Pyzalla, Vorstandsvorsitzende des Deutschen Zentrums für Luft- und Raumfahrt (DLR). In dem Projekt „Der individuelle und automatisierte Luftverkehr" (DIAL) bündelt das DLR bis 2024 diverse Forschungsarbeiten aus insgesamt sieben Instituten, um die Automatisierung der Flugführung zu verbessern. So können Flugplaner künftig für jedes Flugzeug am Himmel

Zur Echtzeit-Simulation hochautomatisierter Systeme und bestimmten Luftverkehrssituationen wird in DIAL auch der Air Traffic Management and Operations Simulator (ATMOS) zum Einsatz kommen. (DLR)

maßgeschneiderte klimaoptimierte Routen anbieten, die etwa Gebiete in der Atmosphäre mit langlebiger Kondensstreifenbildung umgehen.

Heutige Luftraumstrukturen und das Luftverkehrsmanagement sind auf Sicherheit und Kapazität optimiert. Durch Automatisierung ließen sich klimaschonende Zielgrößen wie minimierter CO_2-Ausstoß und eine Verringerung der Kondensstreifenbildung darin integrieren. DIAL soll Verfahren entwickeln und überprüfen, die eine gleichzeitige Optimierung nach mehreren klimarelevanten Faktoren sowie eine höhere Kapazität des Luftverkehrsmanagements möglich machen. „Innovative ATM-Konzepte wie Single Controller Operations spielen dabei eine wichtige Rolle. Dadurch wird die Arbeitslast so reduziert, dass ein einziger Fluglotse einen Sektor überwachen kann", sagt Projektleiter Maik Friedrich vom DLR-Institut für Flugführung. Zudem wolle man neuartige meteorologische Verfahren entwickeln, die in die Flugplanungen eingehen. „Diese Verfahren behandeln Wetterrisiken wie Gewitter und Vereisung, Extremereignisse wie Vulkanasche und Wüstenstaub sowie Weltraumwetter", sagt Thomas Gerz vom DLR-Institut für Physik der Atmosphäre, der ebenfalls am Projekt beteiligt ist. „Vor allem nehmen wir die Klima- und Umweltschonung in den Blick." Wettervorhersagen von ein bis fünf Tagen würden außerdem die Flugplanung im Vorfeld verbessern. Auch die Durchführung der Flüge selbst wird mit Wetterbeobachtungen und kurzfristigen Vorhersagen unterstützt. Die Wetterinformationen fließen in die Routenplanung ein und ermöglichen es den Planern, Probleme frühzeitig zu erkennen und notwendige Routenanpassungen zu identifizieren.

„Es ist wichtig, bei geänderten Flugrouten genau vorhersagen zu können, welche Auswirkungen sie hinsichtlich der Kapazität, Sicherheit und Klimawirkung haben", sagt Dirk Kügler, Leiter des DLR-Instituts für Flugführung. Mittels sogenannter Bewertungskreisläufe werde es möglich sein, „aktuelle Ziele der Luftfahrt mit ihren Auswirkungen hinsichtlich möglichst vieler Einflussparameter zu simulieren und anschließend zu bewerten". Zu diesen Parametern zählten etwa die Einführung neuer Flugzeugtypen oder die Berücksichtigung neuer Wetterdaten. Die Ergebnisse des Projekts werden für Ende 2024 erwartet.

Wie die EASA mahnt auch das DLR eine rasche Implementierung der technisch möglichen Optimierungen beim Air Transport Management an. In seiner „Luftfahrtstrategie zum European Green Deal" hat das DLR darüber hinaus vier maßgebliche Handlungsfelder identifiziert: emissionsarme Antriebe, energieeffiziente Flugzeuge, emissionsreduzierte Lufttransportsysteme sowie digitale und sogenannte cyber-physikalische Systeme für die technische Weiterentwicklung des Luftverkehrs. Eine zentrale Forderung des Strategie-

So stellen sich Forschende des DLR die Zukunft der Treibstoff-Lieferkette vor. Die Technologie-Plattform PtL (TPP) soll die Produktion strombasierter Kraftstoffe in industriellem Maßstab voranbringen. Ziel des Projekts ist es, die Lücke zwischen Entwicklung und industriellem Markthochlauf zu schließen. (DLR)

papiers ist die Ausstattung sämtlicher Verkehrsflugzeuge, die über 2030 hinaus betrieben werden sollen, mit Antrieben, die 100 Prozent SAF-fähig sind. Dieses Ziel habe höchste Priorität für den Transformationsprozess der Luftfahrt, betonen die DLR-Experten – und machen damit gleich ein ganz großes Fass auf. Denn selbst wenn Boeing, Airbus und andere Hersteller imstande wären, ab 2030 solche Maschinen in den erforderlichen Stückzahlen auszuliefern (**was, nebenbei bemerkt, vermutlich illusorisch ist → Kapitel 3**) oder die bei den Airlines vorhandenen Flugzeuge umzurüsten, sprengten die dafür nötigen Investitionen mit hoher Wahrscheinlichkeit die Modernisierungsbudgets der meisten Fluggesellschaften – vor allem nach der gerade erst durchflogenen Umsatzflaute infolge der Corona-Pandemie.

Nicht weniger ehrgeizig sind die Ziele des DLR für Flugzeuge mit fossilfreien Antrieben: Bereits 2040 sollen demnach die ersten Wasserstoff-fähigen Maschinen auf Mittelstrecken im Liniendienst fliegen. Das setzt zum einen eine funktionierende Wasserstoff-Infrastruktur voraus – von der energieintensiven Erzeugung des Treibstoffs über die Speicherung und Logistik bis zum Handling an den Flughäfen – und zum anderen die Entwicklung, Erprobung und Zulassung entsprechender Flugzeugtypen. Die Branche arbeitet an all diesen Dingen zwar mit Hochdruck, aber der Weg von der Idee zur Umsetzung ist übersät mit allerlei technischen, finanziellen und regulatorischen Hürden (→ **Kapitel 4**).

Bei der Entwicklung energieeffizienterer Flugzeuge kann die DLR-Strategie hingegen überzeugen: Das Spektrum der technischen Verbesserungen, die teils in Partnerschaft mit Triebwerksherstellern wie MTU und Flugzeugbauern wie Airbus vorangetrieben werden, reicht von aerodynamisch optimierten Flü-

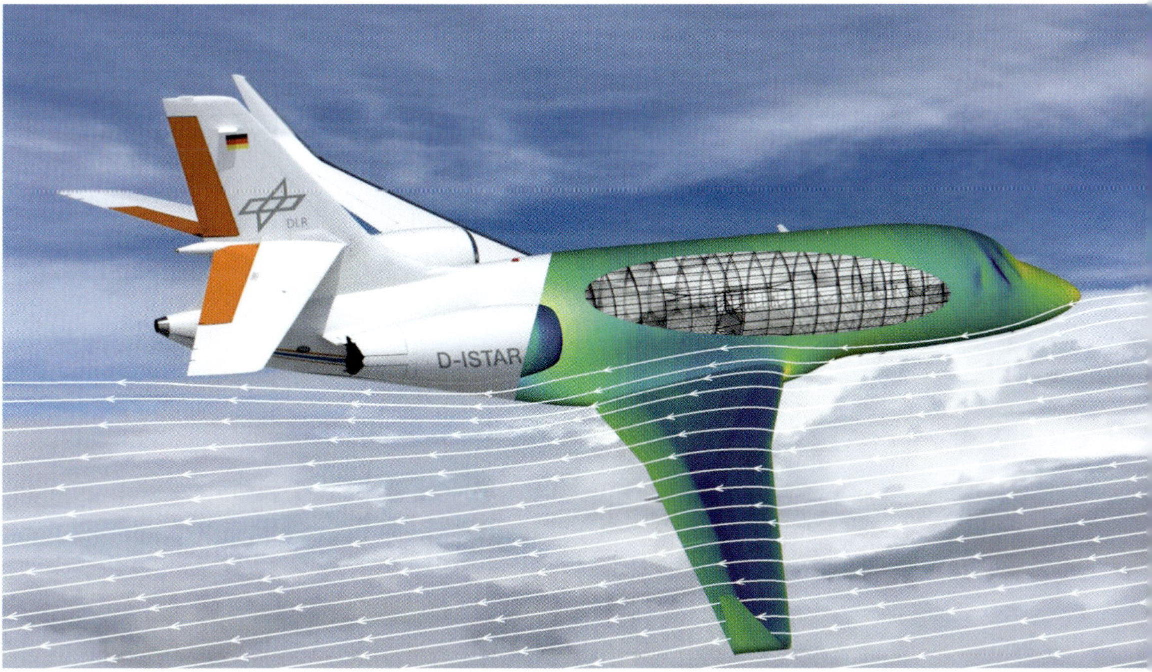

Im Projekt ISTAR arbeiten Airbus und das DLR an der aerodynamischen Optimierung von Verkehrsflugzeugen. Die computergestützten Berechnungen sollen den Auftrieb maximieren und den Luftwiderstand minimieren, damit Flugzeuge sowohl bei niedrigen als auch bei hohen Geschwindigkeiten so effizient wie möglich fliegen. (DLR)

Um die Effizienz von Triebwerken zu steigern, muss das sogenannte Bypass-Verhältnis, also: wie viel Luftstrom wird außen am Triebwerk vorbei geleitet und wie viel läuft durch das Triebwerk, verbessert werden. Das Design kommender Flugzeuggenerationen wird sich demzufolge verändern, da sich Triebwerke mit einem größeren Außendurchmesser nicht länger unter den Tragflächen anbringen lassen. Größer werdende Triebwerksgondeln steigern zudem den Reibungswiderstand – was zu höherem Treibstoffverbrauch führen würde. Eine vielversprechende Verbesserungsoption besteht in der Anbringung nahe am Rumpf, beziehungsweise im Rumpf selbst. Dadurch könnten der Gesamtwiderstand und die benötigte Leistung für den Verdichter verringert werden. Auch die Lärmbelastung könnte durch akustische Abschattungseffekte reduziert werden. Im Projekt CRISP haben mehere DLR-Institute die Vor- und Nachteile gegenläufiger Rotoren untersucht. Die Ergebnisse sollen 2023 vorliegen. (DLR)

gelformen über den Einsatz neuer Leichtbaumaterialien bis zur Entwicklung modularer Kabinen- und Frachtsysteme, die künftig in Wasserstoff-fähigen Flugzeugtypen zum Einsatz kommen sollen (→ Kapitel 6). Auch bei der Modernisierung und weiteren Digitalisierung des Lufttransportsystems, etwa mithilfe von KI-Systemen, engagiert sich das DLR maßgeblich. Sogenannte smarte Konzepte für Flughäfen in Metropolregionen sollen darüber hinaus dem Marktsegment der Urban Air Mobility (UAM) mehr Schub verleihen, das ab den 2030er Jahren eine wichtige Rolle bei der Dekarbonisierung des städtischen Verkehrs spielen soll.

Nur in einer Disziplin, die gerade allenthalben Konjunktur hat, spielt das DLR nicht mit: Es hat keine „Net Zero"-Roadmap entwickelt. „Und das aus gutem Grund", sagt Markus Fischer, Bereichsvorstand Luftfahrt, „denn unser Lösungsansatz ist technologieoffen. Der Weg zum CO_2-neutralen Luftverkehr bedarf einer reflektierten Transformation in allen mit der Industrie zusammenhängenden Bereichen. Legten wir uns schon jetzt auf eine Marschrichtung fest, würden wir womöglich bessere Ideen übersehen oder falsch bewerten, die im Lauf des Transformationsprozesses auftauchen." Sollte sich beispielsweise in zehn oder 15 Jahren herausstellen, dass Wasserstoff doch nicht der am besten geeignete Energieträger für den Transportsektor ist, könne man aufgrund der diversifizierten Forschungen „den eingeschlagenen Kurs relativ schnell ändern und auf die neue Situation flexibel reagieren".

Forschende der NASA und des DLR haben im Rahmen des Projekts Hy_2Fly die Eignung unterschiedlicher Triebswerktypen für die kommende Generation von Flugzeugen mit Wasserstoffantrieb untersucht. Getestet wurde auch das Ultrafan-Triebwerk von Rolls-Royce. (Rolls-Royce)

SAF(t) für die Maschinen

Um künftig klimafreundlich fliegen zu können und ihre sogenannten Net-Zero-Ziele zu erreichen (→ Kapitel 2), setzen die Airlines in den kommenden 30 Jahren vor allem auf nachhaltiges Flugbenzin: Sustainable Aviation Fuel (SAF). Bessere Alternativen gibt es zurzeit nicht, denn die für CO_2-freie Antriebsarten (Wasserstoff, Brennstoffzellen, Batterien) nötige Technik und Infrastruktur steckt erst in den Kinderschuhen oder ist noch gar nicht vorhanden. Der umweltfreundlich produzierte Ersatztreibstoff, den es in zahlreichen Varianten gibt, ist freilich relativ teuer. Zurzeit kostet er rund vier bis acht Mal so viel wie aus Erdöl gewonnenes Kerosin. Airlines können die damit einhergehenden höheren Betriebskosten jedoch nur bedingt an die Passagiere weitergeben; sie wirken sich also negativ auf die Erlöse aus. Dies ist einer der Gründe, weshalb die Nachfrage nach SAF noch gering ist. Dabei bietet der Umstieg auf den nachhaltigen Sprit auch einen großen Vorteil: Einige aktuell genutzte Flugzeugtypen können ohne viel Aufwand von Kerosin- auf SAF-Betrieb umgerüstet werden; Neuanschaffungen sind vorerst nicht nötig. Das käme den Fluggesellschaften gelegen, da sie ihre Maschinen aus Gründen der Wirtschaftlichkeit oft erst nach 20 oder mehr Betriebsjahren ausmustern, um die Kapitalinvestitionen bestmöglich amortisieren zu können.

Für einen „Übergangszeitraum" von rund zweieinhalb Jahrzehnten, wie Lufthansa-Chef Carsten Spohr die Zeitspanne nennt, die vergehen werde, bis sich CO_2-freie Antriebe, elektrisch oder mit Wasserstoff, auf allen Strecken – von regional bis interkontinental – durchsetzen, erscheint SAF daher als beste Option. Frühestens 2035 könne man damit rechnen, sagt Spohr, dass Wasserstoff bei Mittel- und Langstreckenflügen SAF als Treibstoff schrittweise ablöse. Diese Einschätzung deckt sich in etwa mit den Plänen der Europäischen Union, die in ihrer „Fit for 55"-Strategie (→ Kapitel 2) ebenfalls die Nutzung von SAF vorsieht beziehungsweise vorschreibt. Konkret verlangt Brüssel von den Airlines, die in Ländern der EU starten und landen wollen, dass ihr Treibstoffbedarf ab 2030 zu mindestens fünf Prozent, ab 2040 zu 32 Prozent und schließlich ab 2050 zu 64 Prozent durch SAF gedeckt wird. Ein ehrgeiziger Plan – manche Analysten halten ihn für unrealistisch. So heißt es in einer Studie der britischen Royal Society: Um die EU-Vorgaben für 2040 erfüllen zu können, sei „mit den heute vorhandenen chemischen Verfahren für die SAF-

Die jüngste Generation der Verkehrsflugzeuge kann SAF als Beimischung zu herkömmlichen Kerosin verfliegen. Flughäfen halten SAF-CAF-Mischungen in unterschiedlichen Mengenverhältnissen zur Betankung bereit. (Neste)

Produktion aus regenerativen Quellen eine Energiemenge von rund 140 Terawattstunden nötig". Das entspricht dem aktuellen Jahresstromverbrauch der Niederlande oder Schwedens.

Weil die technischen Verfahren erst in den Anfängen stecken, ist SAF bislang nur in homöopathischen Mengen erhältlich und wird auf ausgewählten Strecken und in dafür geeigneten Flugzeugen dem herkömmlichen Jet-A-Treibstoff beigefügt – ähnlich wie in den 1990er Jahren der Biosprit im Straßenverkehr. Ende Dezember 2022 stammten gerade einmal 0,1 Prozent des getankten Jet-Kraftstoffs aus nachhaltiger Produktion, zumeist aus Biomasse gewonnen. Das reicht hinten und vorn nicht. Hinzu kommt: Der zivile Luftverkehr wird in den kommenden drei Jahrzehnten weiterhin stark wachsen, die benötigten Treibstoffmengen werden deutlich größer – selbst wenn der durchschnittliche Spritverbrauch pro Passagierkilometer weiter gesenkt werden kann. Die International Air Transport Association (IATA) und andere Branchenverbände schätzen, dass 2050 rund 400 bis 500 Millionen Tonnen SAF als Ersatz für fossiles Kerosin nötig sein werden, damit die Verkehrsluftfahrt ihre Net-Zero-Ziele und die internationalen Klimaziele erreichen kann. Zum Vergleich: Im Vor-Corona-Jahr 2019 verflog die Lufthansa Group etwas mehr als zehn Millionen Tonnen Kerosin. Zur Herstellung einer äquivalenten Menge SAF, produziert mit regenerativer Energie, sind mehr als 300 Terawattstunden Strom nötig. Das entspricht rund 42 Prozent des aktuellen deutschen Stromverbrauchs pro Jahr. „Wir stehen vor einer enormen Herausforderung", konstatiert Christian Sattler, Direktor des Instituts für Future Fuels am DLR in Jülich. „Spätestens ab 2030 muss Deutschland erneuerbare Ressourcen importieren, um ausreichend CO_2-arme Kraftstoffe als Ersatz für fossile bereitstellen zu können." Gleichwohl könnten nachhaltige Treibstoffe, die mithilfe konzentrierter Solarenergie aus Wasser und CO_2 gewonnen werden, durch Beimischung zu fossilem Kerosin als sogenannte Drop-in-Fuels bereits jetzt zu einer Minderung der CO_2-Emissionen beitragen, so Sattler.

Übrigens ist es der Branche in den vergangenen drei Jahrzehnten auch ohne SAF gelungen, die Emissionen spürbar zu senken: Der Kraftstoffverbrauch von Verkehrsflugzeugen sank laut Angaben der International Civil Aviation Organization (ICAO) von 1990 bis heute um fast zwei Drittel. Dazu beigetragen haben technische Verbesserungen der Triebwerke, der Tragflächen, des Rumpfes und weiterer Flugzeugbauteile – sowie verbrauchsmindernde Flugrouten (→ **Exkurs: Klimafreundliche Flugrouten**). Die Lufthansa Group

50 Mikrometer dünn ist die von Lufthansa Technik und BASF entwickelte Folie Aeroshark. Rumpf und Tragflächen werden damit beklebt, um den Luftwiderstand der Flugzeuge zu verringern und dadurch den Spritverbrauch zu senken. (Lufthansa)

etwa klebt seit Mitte 2021 eine gemeinsam mit BASF entwickelte sogenannte bionische Folie auf den Rumpf und die Triebwerke ihrer Flugzeuge. Deren Struktur ist der Außenhaut von Haien nachempfunden und heißt Aeroshark: Winzige Rippen, nicht höher als 50 Mikrometer, optimieren die Aerodynamik an strömungsrelevanten Stellen. Bis zu 950 Quadratmeter Folie werden für eine Boeing 777-300 ER der zur Lufthansa Group gehörenden Swiss gebraucht; 800 Quadratmeter reichen für eine Boeing 777 F von Lufthansa Cargo. Die großflächige Beklebung senkt den Spritverbrauch und damit die CO_2-Emissionen laut Angaben von Lufthansa Technik im Schnitt um 1,1 Prozent. Das entspricht bei den zusammengerechneten jährlichen Flugleistungen der zwölf Swiss-Passagiermaschinen einer Einsparung von 4.800 Tonnen Kerosin und 15.200 Tonnen CO_2 – so viel, wie auf 87 Flügen zwischen Zürich und Mumbai emittiert wird. Etliche andere Airlines haben inzwischen bei Lufthansa angeklopft und wollen ihre Maschinen ebenfalls mit der Haihaut ausstatten lassen. Das Bekleben selbst kann im Zuge eines routinemäßigen C-Checks der Maschinen erfolgen und dauert nur wenige Tage.

Auch effizientere Triebwerke haben in den vergangenen Jahren zu deutlichen Kraftstoffeinsparungen geführt (→ Kapitel 2), doch inzwischen wird der Spielraum für technische Optimierungen immer kleiner, und revolutionäre neue Entwicklungen brauchen Zeit. „Flugzeugdesign und -bau sind Prozesse, die nicht über Nacht geschehen", betont Drew Kodjak, Direktor am International Council on Clean Transportation (ICCT). Dessen Report „Vision 2050: Aligning Aviation with the Paris Agreement" stellt die Prognose auf, dass „erst ab 2035 mit bahnbrechenden Verbesserungen hinsichtlich der Performance von Verkehrsflugzeugen zu rechnen" sei. „Bis dahin", so Kodjak, „ist es unerlässlich, dass Airlines ihre Flotten mit aktuell verfügbaren, bereits verhältnismäßig sparsam fliegenden Maschinen erneuern, die für die Nutzung von SAF geeignet sind."

Bevor der branchenweite Umstieg auf SAF stattfinden kann, müssen die neuen Treibstoffe allerdings nicht nur in ausreichender Menge vorhanden sein – auch ihre Tauglichkeit und Zuverlässigkeit muss nachgewiesen werden. Die nötigen Zulassungsverfahren sind zeitaufwändig, aber unumgänglich: „Wenn unsere Passagiere in 10.000 Kilometern Höhe in einem Flugzeug von A nach B unterwegs sind, muss die Technik der Maschine zu 100 Prozent funktionieren", sagt Ryanair-Manager Eddie Wilson. „Die Umstellung der Flotte auf neue, nachhaltige Antriebe und Kraftstoffe kann nur dann stattfinden, wenn die zur Verfügung stehenden Ökotreibstoffe ebenso leistungsfähig und zuverlässig sind wie das bisher genutzte Kerosin. Die Turbinen sowie alle sonstigen relevanten Bestandteile der Flugzeuge müssen für die Verbrennung der neuen Treibstoffe optimal geeignet und ausfallsicher sein." Momentan erfüllen aber nur eine Handvoll SAF-Sorten diese Kriterien – und auch für deren Einsatz sind bisweilen Umbauten an Triebwerken und Kraftstoffleitungen nötig. Gleichwohl sei der Branche bewusst: „Die Verbrennung von Wasserstoff oder der Einsatz von Batterien erfordert viel mehr technische Änderungen an den Flugzeugen und an der gesamten Luftfahrtinfrastruktur. Da wir mit den Emissionsminderungen im Luftverkehr aus bekannten Gründen aber nicht länger warten können, bleibt uns derzeit nur der Weg über SAF", so der Ryanair-Manager.

Testflüge, bei denen die Verträglichkeit von SAF und aktuellen Turbinen und Kraftstoffsystemen überprüft wird, finden bereits seit einigen Jahren

Boeing will ab 2030 nur noch SAF-fähige Verkehrsflugzeuge liefern. Mit Flugzeugen wie dem sogenannten Ecodemonstrator unternimmt die US-Firma seit 2018 Testflüge, teils mit 100 Prozent SAF anstelle von herkömmlichen Kerosin. (Boeing)

statt. So unternahm Boeing 2018 gemeinsam mit dem Logistikunternehmen FedEx einen Versuch mit einer 777-Frachtmaschine, die mit 100 Prozent SAF betankt war. Das positive Resultat des Tests trug mit dazu bei, dass der US-Flugzeugkonzern seine Nachhaltigkeitsstrategie inzwischen maßgeblich auf SAF ausgerichtet hat. „Wir arbeiten mit Hochdruck daran, dass unsere Flugzeuge bis 2030 zu 100 Prozent SAF-fähig sind", sagt Boeing-Nachhaltigkeitschef Brian Yutko. „Klar ist jedoch, dass nachhaltiger Flugtreibstoff nur eine Übergangslösung auf dem Weg zum wirklich klimaneutralen Fliegen etwa mit hybrid-elektrischen Antrieben ist. Solange die Technik dafür nicht zur Verfügung steht, ist SAF aber die einzige Alternative."

Um ermessen zu können, welchen Kraftakt die Branche beim Umstieg auf SAF leisten muss, ist es sinnvoll, einige Fragen zu erörtern: Welche SAF-Sorten gibt es bereits, und welche Kriterien müssen sie erfüllen, um das Prädikat „nachhaltig" zu bekommen? Wie werden sie hergestellt? Warum gibt es bislang nicht mehr davon, wann kommen sie flächendeckend zum Einsatz? Und: Wie kann sichergestellt werden, dass ausreichend Strom und Rohstoffe aus fossilfreien Quellen vorhanden sind, um den nachhaltigen Sprit zu produzieren?

Exkurs:

CO_2-Extraktion aus der Luft – eine kostspielige Notwendigkeit

Nur knapp ein Fünftel des weltweit emittierten Kohlendioxids kann von Bäumen und anderen Pflanzen sowie von den Meeren absorbiert werden. Die Extraktion von CO_2 aus der Atmosphäre spielt daher eine wichtige Rolle bie der Bekämpfung der Erderwärmung. Clou daran: Aus der Luft gefiltertes Kohlendioxid kann auf unterschiedliche Arten weiterverarbeitet werden – etwa um nachhaltige Treibstoffe (SAF) herzustellen.

Direct Air Capture

Einer der Pioniere des sogenannten Direct-Air-Capture-Verfahrens (DAC) ist das Schweizer Unternehmen Climeworks, das derzeit die weltgrößte DAC-Anlage betreibt. Pro Jahr filtert Orca, so der Name der seit 2021 in Island arbeitenden Maschine, 4.000 Tonnen CO_2 aus der Luft. Eine weitere Anlage soll ab 2024 rund 36.000 Tonnen pro Jahr schaffen. „Gemessen am heutigen CO_2-Ausstoß ist das zwar wenig", räumt Climeworks-Manager Jan Wurzbacher ein. Ab 2030 wolle man aber bereits mehrere Millionen Tonnen CO_2 pro Jahr aus der Atmosphäre entfernen; für 2050 strebt Climeworks mit Anlagen rund um die Welt eine Kapazität von einer Milliarde Tonnen an.

Mit der in Island errichteten Anlage namens Orca extrahiert das Schweizer Unternehmen Climeworks CO_2 aus der Umgebungsluft und speichert es im Gesteinsboden. Künftig soll das eingefangene Gas für die Produktion von SAF genutzt werden. (Climeworks)

Das DAC-Verfahren von Climeworks funktioniert nach einem einfachen Prinzip: CO_2 wird aus der Umgebungsluft angesaugt und strömt durch einen Filter, der es bindet. Sobald der Filter gesättigt ist, wird die Ansaugkammer entlüftet und auf 100 Grad Celsius erhitzt. Dadurch wird das CO_2 wieder freigesetzt, sodass es anschließend in einem Tank gesammelt werden kann. Der Filter ist wiederverwendbar und

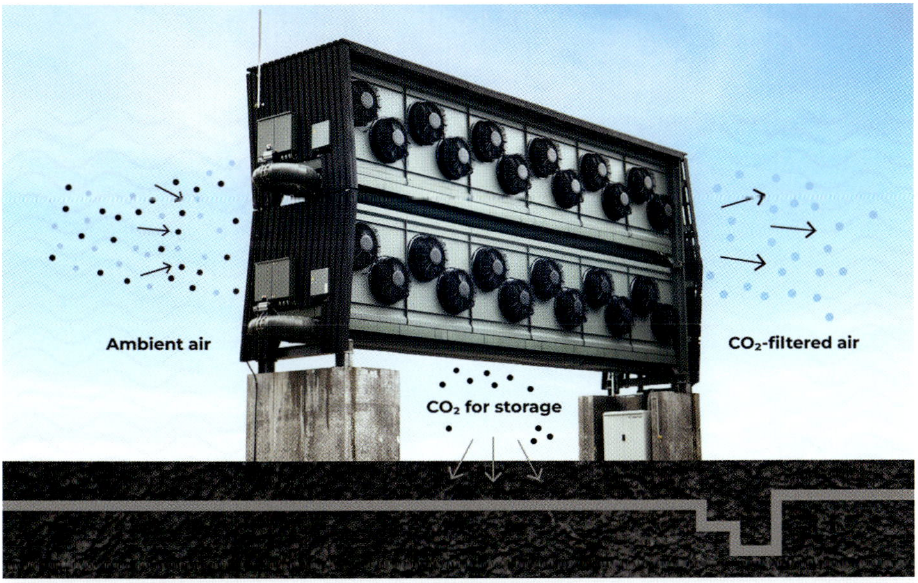

Das Funktionsprinzip von Orca ist auf den ersten Blick simpel, aber die in der Anlage verbauten Komponenten sind rar. Daher ist das DAC-Verfahren derzeit mit relativ hohen Kosten verbunden. (Climeworks)

besteht aus nahezu CO_2-neutralen Komponenten. Die nötige Energie für den Betrieb stammt aus Solar- oder Windkraft-Anlagen; alternativ kann Abwärme aus benachbarten Industrieanlagen genutzt werden.

Das aus der Atmosphäre extrahierte Kohlendioxid könnte als Rohstoff für die Produktion von SAF immens wichtig werden: Bei einem vom Beratungsunternehmen E4 Tech für 2050 prognostizierten Bedarf an nachhaltigem Treibstoff von mehr als 350 Millionen Tonnen pro Jahr für den Luftverkehr in der EU und Großbritannien würde die von Climeworks angepeilte Menge knapp zwei Prozent des für die Herstellung von SAF benötigten Kohlendioxids ausmachen. Weltweit müssten DAC-Anlagen auf einer Fläche von knapp 1.000 Quadratkilometern betrieben werden, um den CO_2-Bedarf für die Produktion synthetischen Kerosins im Jahr 2050 zu decken, schätzt E4 Tech. Das entspricht ungefähr der Landfläche der Insel Rügen. Die IEA hat ausgerechnet, dass bis 2050 pro Jahr mehr als 30 großflächige DAC-Anlagen entstehen müssten, um die Klimaziele erreichen zu können. Eine aktuelle Studie des Thinktanks Bauhaus Luftfahrt schätzt den globalen Jahresbedarf an CO_2 aus DAC, um daraus SAF herzustellen, auf mehr als 1.600 Millionen Tonnen.

Mit der heutigen Technik kostet DAC viel Geld: je nach Verfahren zwischen 250 und 600 US-Dollar pro Tonne eingefangenem CO_2. Durch Förderung von Pilotprojekten und den Bau von Anlagen in industriellem Maßstab dürfte der Preis laut aktuellen Marktstudien im Lauf der kommenden zehn Jahre auf 150 bis 200 US-Dollar pro Tonne sinken. Das US-Energieministerium rechnet langfristig mit einem Preis von 100 US-Dollar pro Tonne CO_2 und fördert den Bau von DAC-Anlagen seit 2021 durch großzügige Steuererleichterungen und Subventionen. In Deutschland gibt es für entsprechende Forschungsprojekte vergleichsweise wenig staatliche Unterstützung – was auch daran liegt, dass das DAC-Verfahren nicht gerade gut beleumundet ist. Kritiker befürchten, dass es – ähnlich wie die bereits seit Jahren laufenden CO_2-Kompensationsprogramme – als Greenwashing-Instrument dienen könnte. Für DAC dürfte das aber nicht zutreffen, sondern vielmehr für die weiter unten beschriebene CCS-Methode, bei der Klimasünder wie Stahl- und Zementwerke das bei ihren Produktionsprozessen emittierte Kohlendioxid vermeintlich unschädlich im Erdboden speichern.

Für das Erreichen der Net-Zero-Ziele engagieren sich inzwischen etliche Player aus der Luftfahrtbranche auf dem DAC-Markt, allen voran Airbus. Das Unternehmen besiegelte im vergangenen Sommer eine Zusammenarbeit mit einem der Pioniere der DAC-Technik: der kanadischen Firma Carbon Engineering. Seither haben zahlreiche Fluggesellschaften, darunter Air Canada, Air France/KLM, Easyjet, die International Airlines Group, die Lufthansa und Virgin Atlantic, mit Carbon Engineering Verträge über die Abnahme von sogenannten CO_2-Credits geschlossen. Carbon Engineering will bis 2035 nicht weniger als 70 DAC-Anlagen in Betrieb nehmen und das dort gewonnene CO_2 exklusiv für die SAF-Produktion nutzen. Bereits Ende dieses Jahres werde die erste Air-to-Fuel-Fabrik, wie Carbon-Engineering-Chef Daniel Friedman die Anlagen nennt, die Arbeit aufnehmen. Pro Jahr wolle man künftig 100 Millionen Liter SAF herstellen. Zu den Investoren des kanadischen Unternehmens zählt unter anderem der US-Milliardär und ehemalige Microsoft-Chef Bill Gates.

CO_2-Sequestrierung

Das Sequestrieren von Kohlendioxid ist weitaus günstiger und erfolgt mithilfe biologischer, chemischer und physikalischer Prozesse. Wälder und Ozeane sind weltweit die größten natürlichen CO_2-Speicher. Infolge von Erderwärmung und fortschreitender Abholzung der Regenwälder nimmt deren Aufnahmekapazität allerdings rapide ab, sodass technische Verfahren erprobt werden, um das Treibhausgas aus der Atmosphäre zu entfernen und langfristig unschädlich zu machen. Die Speicherung von CO_2 aus Meerwasser in Algen gilt als besonders interessante Option: An der marokkanischen Küste betreibt das britische Unternehmen Brilliant Planet auf einer Fläche von 30.000 Quadratmetern eine der größten Algenfarmen der Welt. „Die Anlage bindet rund 30 Mal so viel Kohlenstoff wie eine gleichgroße Fläche Regenwald“, sagt Firmenmitgründer Raffael Jovine. „Zugleich entsäuern die Algen das Meerwasser an der Küste auf vorindustrielles Niveau.“ Die mit Meeres-CO_2 gezüchteten Algen können für die Produktion von Nahrungsmitteln und Biotreibstoffen genutzt werden.

An der marokkanischen Küste betreibt Brilliant Planet eine der größten Algenfarmen der Welt. Die Anlage bindet weit mehr Kohlendioxid als eine gleich große Fläche Regenwald. (Brilliant Planet)

Carbon Capture and Storage (CCS)

Aus Industrieanlagen aufgefangenes Kohlendioxid wird beim CCS-Verfahren in tiefe Erdschichten geleitet, wo es in Form von Carbonaten chemisch im Gestein gebunden wird. Noch ist unklar, ob dadurch geologische Veränderungen in der Erdkruste hervorgerufen werden oder das Gas im Lauf der Zeit wieder freigesetzt wird. Zudem bestünden infolge möglicher Leckagen hohe Risiken für Grundwasser und Böden, gibt das Umweltbundesamt zu bedenken: „Aus Tiefengestein freigesetztes CO_2 kann Schadstoffe und salziges Grundwasser nach oben drücken. Schäden an Böden und Oberflächengewässern wären die Folge."

Dazu zunächst ein kurzer Ausflug in die Chemie: Konventioneller Flugtreibstoff (CAF), also Kerosin, wird aus fossilen Ressourcen erzeugt, zumeist aus Erdöl. Hauptbestandteil sind sogenannte n-Paraffine: langkettige Kohlenwasserstoffe, die aus Kohlenstoff- und Wasserstoffatomen im Mengenverhältnis von etwa 1:2 bestehen. Das Kerosin-Gemisch enthält außerdem verzweigte (Isoparaffine), cyclische (Naphtaline) sowie aromatische Kohlenwasserstoffe (Aromaten). Spuren von Schwefelverbindungen (Mercaptane) sind ebenfalls zu finden. Bei der Verbrennung von CAF in Flugzeugturbinen entstehen in erster Linie Kohlendioxid (CO_2) und Wasser (H_2O). Ein Kilogramm Kerosin verbrennt unter idealen Bedingungen zu 3,16 Kilogramm CO_2 und 1,25 Kilogramm H_2O. Diese Idealbedingungen sind im normalen Flugbetrieb allerdings nicht gegeben, denn der Treibstoff reagiert in der Turbine mit der einströmenden Luft, die fast 80 Prozent Stickstoff (N_2) enthält, aber nur rund 20 Prozent Sauerstoff (O_2). Während der Verbrennung entstehen daher neben CO_2 und H_2O beträchtliche Mengen an Stickoxiden (NO_x). Hinzu kommen nachweisbare Mengen Schwefeldioxid (SO_2) aus den im Kerosin enthaltenen Mercaptanen. Da die Verbrennung in den meisten Fällen nicht vollständig erfolgt, emittieren Flugzeuge zudem Kohlenmonoxid (CO) und Rußteilchen. Der Ruß bildet mikroskopische Keime, aus denen sich in der kalten Umgebungsluft auf der Flughöhe an der Grenze von Strato- und Troposphäre mit dem ebenfalls emittierten Wasserdampf und der dort vorhandenen Luftfeuchtigkeit Eiskristalle formen. Sie sind für die Entstehung von Kondensstreifen und Zirren verantwortlich. Das CO hingegen begünstigt gemeinsam mit den emittierten Stickoxiden die Bildung des ebenfalls klimaschädlichen Gases Ozon (O_3). Alle Abgase – CO_2, H_2O, NO_x, SO_2 – sowie der Ruß tragen mit unterschiedlicher Intensität und Dauer zur Erderwärmung bei (→ Kapitel 1). Beim Umstieg auf Sustainable Aviation Fuels ändert sich das Mengenverhältnis der Bestandteile im Treibstoff; einige, darunter die Schwefelverbindungen, kommen gar nicht vor. Unterm Strich: Das Klima wird bei der Verbrennung von SAF geschont – allerdings nicht so wirkungsvoll wie beim Antrieb mit Wasserstoff oder Batterien (→ Kapitel 4 und 5).

Das Sortiment an vorhandenen beziehungsweise technisch möglichen SAF-Sorten wird immer größer, und eine Vielzahl an Unternehmen drängt auf den gerade entstehenden Markt, teils mit exotischen Produktionsverfahren und Ideen. Ein wichtiges Unterscheidungsmerkmal der nachhaltigen Ersatztreibstoffe sind die Ausgangssubstanzen (Feedstock), aus denen der Sprit hergestellt wird. Dazu zählen: kohlenstoffhaltige biogene Abfälle, CO_2 aus der Luft, CO_2 aus Industrieprozessen. Allen SAF-Sorten gemein sind die teils kryptischen Bezeichnungen, wie die folgende Übersicht zeigt:

FT-SPK (Fischer-Tropsch/Synthetisch-paraffinisches Kerosin)

Das seit 2009 für den Flugbetrieb zugelassene Verfahren basiert auf der Reaktion eines Synthesegases, das aus Wasserstoff und Kohlenmonoxid besteht. Bei der Reaktion entsteht zunächst synthetisches Rohöl (Syncrude), das mittels Raffination veredelt wird. Als Endprodukte fallen diverse Kraftstoffe an. Der Kerosin-Anteil liegt bei rund 60 Prozent. Je nach Herkunft des Feedstocks handelt es sich dabei entweder um herkömmlichen, nicht nachhaltigen Flugtreibstoff, bei dem das Synthesegas aus fossilen Ressourcen ge-

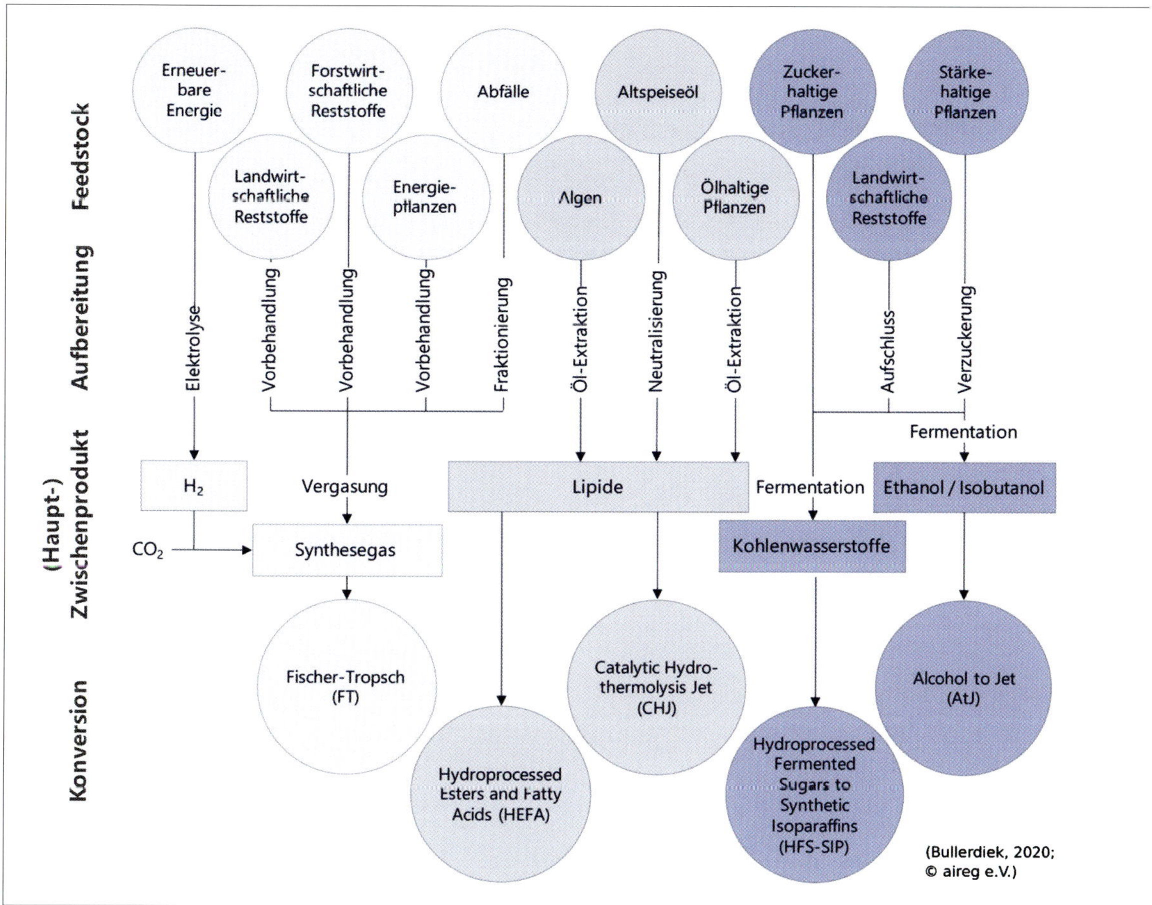

Nachhaltiges Flugbezin kann aus diversen Grundstoffen und auf unterschiedliche Arten hergestellt werden, wie die Übersicht zeigt. (AIREG)

wonnen wird, oder um SAF. Dafür müssen die Ausgangsstoffe entweder aus Biomasse oder Biogas und die für den Prozess nötige Energie aus erneuerbaren Quellen stammen. Auch sogenannte Power-to-Liquid- beziehungsweise Sun-to-Liquid-Treibstoffe können mit diesem Verfahren hergestellt werden. Dazu später mehr.

FT-SPK/A (Fischer-Tropsch/Synthetisch-paraffinisches Kerosin mit Aromaten)

Anders als bei FT-SPK erfolgt bei diesem Verfahren ein weiterer Schritt, um dem Kerosin aromatische Kohlenwasserstoffe hinzuzufügen. Sie erhöhen die

Lebensdauer von Kraftstoffleitungen in Flugzeugen. Allerdings entstehen bei ihrer Verbrennung Rußpartikel, wodurch die Bildung von Kondensstreifen begünstigt wird.

HEFA-SPK (Hydroprocessed Esters and Fatty Acids/SPK)

Ölhaltige Pflanzen, altes Speiseöl oder auch spezielle Algensorten sind neben Wasserstoff das Ausgangsmaterial im HEFA-Verfahren, bei dem Öle und Fette hydriert und in langkettige Kohlenwasserstoffe umgewandelt werden. Als Nebenprodukt fällt Wasser an. Die Veredelung des gewonnenen Gemisches erfolgt mithilfe von Katalysatoren. HEFA-Sprit gilt als nachhaltig, wenn sowohl der Wasserstoff als auch die nötige Energie fossilfrei gewonnen werden. Die SAF-Ausbeute des Verfahrens liegt bei rund 40 Prozent, kann aber durch den Einsatz optimierter Katalysatoren künftig erhöht werden. Derzeit in Europa erhältliche SAF werden fast ausschließlich mit diesem Verfahren produziert.

HC-HEFA-SPK (Hydrocarbons/Hydroprocessed Esters and Fatty Acids/SPK)

Im Gegensatz zum einfachen HEFA-Verfahren dürfen bei HC-HEFA ausschließlich biologisch gewonnene Fette und Kohlenwasserstoffe als Feedstock verwendet werden, also keine Abfälle. Bislang ist erst eine einzige Algenart für diesen Herstellungsprozess zugelassen. Industrielle Mengen an SAF sind mit HC-HEFA derzeit nicht zu erwarten.

ATJ-SPK (Alcohol to Jet/SPK)

Stärkehaltige Pflanzen wie Mais oder Zuckerrüben werden zunächst in Zucker und anschließend mittels Fermentation in Alkohole – meist Ethanol oder Iso-Butanol – umgewandelt. Der darin gebundene Sauerstoff wird thermisch abgespalten, wodurch ungesättigte Kohlenwasserstoffe entstehen, die schließlich mit Wasserstoff gesättigt und in unterschiedliche Kraftstofffraktionen getrennt werden. Der Kerosin-Anteil liegt bei 75 bis 90 Prozent.

HFS-SIP (Hydroprocessed Fermented Sugars to Synthetic Isoparaffins)

Gentechnisch veränderte Hefe-Organismen vergären bei diesem Verfahren zuckerhaltige Pflanzen, Stroh oder auch Weichholz in einer enzymatischen

Reaktion zu Kohlenwasserstoffen wie dem ungesättigten Farnesen, das 15 Kohlenstoffatome enthält. Nach Hydrierung entsteht daraus Farnesan, das zu diversen Biosprit-Sorten raffiniert werden kann.

CH-SK (Catalytic Hydrothermolysis Synthesized Kerosene)

Analog zum HEFA-Verfahren werden bei diesem Prozess biogene Ausgangsstoffe eingesetzt. Durch die sogenannte katalytische Hydrothermolyse werden die verwendeten Fette und Öle aber zunächst in ungesättigte Kohlenwasserstoffe umgewandelt und anschließend mit Wasserstoff gesättigt. Mit CH-SK können auch stark verunreinigte Öle und Fette zu SAF verarbeitet werden. Die Ausbeute ist nahezu identisch mit HEFA-SPK.

Sieben Sorten SAF sind aktuell in der EU als Beimischung zu fossilem Kerosin zugelassen. Bis auf HFS-SIP und HC-HEFA-SPK, die nicht mehr als zehn Prozent der Tankfüllung ausmachen dürfen, haben alle anderen Sorten eine Beimischungsgrenze von 50 Prozent. Flüge mit mehr SAF sind zwar leistungstechnisch möglich und fanden bereits statt, denn SAF hat in etwa denselben Energiegehalt wie CAF, bisweilen sogar einen etwas höheren. Die Standardisierungsorganisation ASTM tut sich mit der Zertifizierung aber schwer – und das aus gutem Grund. Denn das zurzeit produzierte SAF enthält keine Aromaten oder nur geringfügige Spuren davon. Im fossilen Kerosin haben diese Substanzen indes einen Mengenanteil von 16 bis 25 Prozent und sind in den heute eingesetzten Flugzeugen unerlässlich für Schutz und Erhalt der Kraftstoffleitungen und ihrer Dichtungen. Die Regulierungsbehörden haben entsprechend strikte Regeln für das Mischen von SAF und CAF aufgestellt: Ein SAF-CAF-Gemisch muss mindestens acht Prozent Aromaten enthalten, sodass deren Funktion als Schmier- und Dichtmittel im Kraftstoffsystem gewährleistet ist.

Weltweit tüfteln Wissenschaftlerinnen und Wissenschaftler derzeit an weiteren Produktionswegen für nachhaltige Treibstoffe. So erprobt das DLR im Forschungsprojekt M2SAF, ob sich auch Methanol als Basis für SAF eignet. Anders als bei bisherigen nachhaltigen biogenen Treibstoffen müsste der aus Methanol hergestellte nicht mit konventionellem, fossilem Kerosin gemischt werden. Dann könnten Flugzeuge 100 Prozent nachhaltigen Treibstoff tanken. Bei einer der erforschten Varianten des Methanol-SAFs sinken zudem die Rußemissionen um rund zwei Drittel. Dadurch ließen sich die Nicht-CO_2-

Der Hochdruckbrennkammer-Prüfstand des DLR-Instituts für Verbrennungstechnik in Stuttgart macht es durch seinen sehr guten optischen Zugang und den Einsatz optischer und laserbasierter Messtechniken möglich, Verbrennungsphänomene bei gasturbinen-typischen Bedingungen (hoher Druck, hohe Temperatur, hohe Turbulenz) detailliert zu untersuchen. Der Prüfstand dient zur Neu- und Weiterentwicklung von Gasturbinenbrennern und Brennkammern sowie zur Weiterentwicklung von Messtechniken. Unter anderem werden dort die Verbrennungsprodukte nachhaltiger Flugtreibstoffe analysiert. Mit den gewonnen Daten können die Treibstoffe hinsichtlich der bei ihrer Verbrennung entstehenden Abgase optimiert werden. (DLR)

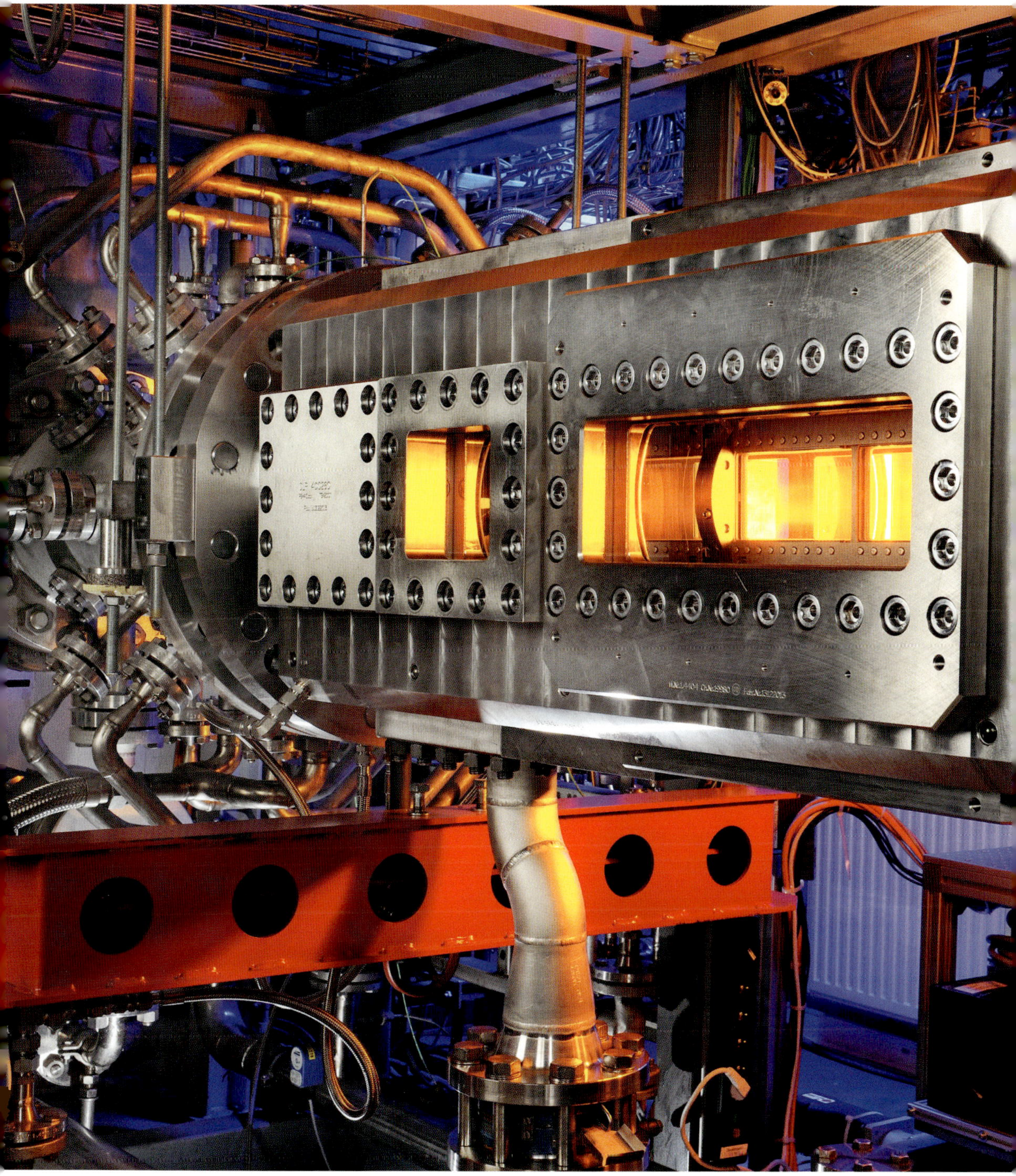

Effekte deutlich verringern. Das DLR-Team nutzt ein spezielles Treibstoff-Design, mit dem die Zusammensetzung des synthetischen Kerosins optimiert wird. „Der damit entwickelte Treibstoff ist allerdings nur für modernere Flugzeugtypen geeignet, deren Turbinen und Kraftstoffleitungen nicht auf Aromaten angewiesen sind", sagt Andreas Huber vom DLR-Institut für Verbrennungstechnik.

Wer mit 100 Prozent SAF fliegen will, muss vorerst also entweder die Zusammensetzung des Treibstoffs optimieren oder das Leitungs- und Dichtungssystem anpassen – oder beide Komponenten besser aufeinander abstimmen. Wie das funktionieren könnte, das ermittelt Airbus gerade gemeinsam mit dem DLR, dem Triebwerkhersteller Rolls-Royce und dem SAF-Hersteller Neste. Seit 2021 fanden etliche Testflüge mit einer A350-900 statt, die mit Rolls-Royce Trent XWB-Triebwerken ausgestattet war und ausschließlich SAF verbrannte. Eine Falcon 20-E des DLR maß im Verfolgungsflug die Emissionen der A350 und analysierte die resultierenden Kondensstreifen in der Luft. Sowohl bei den Flug- als auch bei den Bodentests wurden die Emissionen eines HEFA-Kraftstoffs mit denen von fossilem Kerosin und schwefelarmem fossilen Kerosin verglichen. „Mit der Untersuchung von 100 Prozent SAF haben wir unsere Forschung zu Treibstoffdesign und Klimawirkung in der Luftfahrt auf ein neues Niveau gehoben", sagt DLR-Projektleiter Patrick Le Clercq. „In früheren Untersuchungen, unter anderem 2018 gemeinsam mit der NASA, konnten wir das hohe Rußminderungspotenzial von 30- bis 50-prozentigen SAF-Mischungen nachweisen. Nun wollen wir zeigen, dass das Potential noch deutlich größer ist."

Neben der Kompatibilität des Treibstoffs mit den Turbinen der A350-900 bestätigten die Forschungen zudem die Vermutung, dass SAF unter allen getesteten Betriebsbedingungen weniger Rußpartikel freisetzt als herkömmliches Kerosin. Dies zeigt das Potential für eine Verbesserung der Luftqualität in der Umgebung von Flughäfen sowie für eine geringere Klimabelastung durch Kondensstreifen, deren Bildung durch Rußpartikel stark begünstigt wird. „Vorläufige Ergebnisse von Boden- und Flugtests haben gezeigt, dass die Partikelemissionen deutlich geringer sind, wenn 100 Prozent SAF verbrannt wird", sagt Steven Le Moing, New Energy Programme Manager bei Airbus. Und Simon Burr, technischer Direktor bei Rolls-Royce, fügt hinzu: „Die Tests der Triebwerke am Boden und in der Luft ergaben keine technischen Hindernisse für den Betrieb mit 100 Prozent SAF." Bei den Versuchen stellte

Der Chemiekonzern Neste (hier eine Produktionsstätte in Rotterdam in den Niederlanden) zählt zu den Pionieren am SAF-Markt und beliefert zahlreiche Airlines mit nachhaltigem Flugbenzin. (Neste)

sich zudem heraus, dass nachhaltiges Flugbenzin dank seiner im Vergleich zu fossilem Kerosin etwas höheren Energiedichte den Kraftstoffverbrauch senken kann. Eine detaillierte Analyse durch das Forschungsteam ist im Gange; die Ergebnisse sollen noch in diesem Jahr veröffentlicht werden.

Unterdessen haben Emirates und andere Fluggesellschaften weitere Fakten geschaffen: Die in Dubai ansässige Airline führte gemeinsam mit Boeing, GE Aerospace und Honeywell sowie den SAF-Lieferanten Neste und Virent im Januar dieses Jahres einen einstündigen Flug einer Boeing 777-300ER durch, bei dem eines der beiden Triebwerke 100 Prozent SAF verbrannte. Das Treibstoffgemisch, bestehend aus zwei biogenen SAF-Sorten, wurde speziell auf das GE90-Triebwerk der Maschine abgestimmt und entsprach hinsichtlich des Aromaten-Anteils weitgehend der Zusammensetzung von fossilem Kerosin. „Das ist ein entscheidender Vorteil bei synthetischen Treibstoffen“,

Exkurs:

Prometheus – SAF aus Luft und Strom

Es klingt fast zu schön, um wahr zu sein: Hochwertiger Jet-Treibstoff, CO2-neutral hergestellt aus Luft und grünem Strom, soll demnächst in rauen Mengen verfügbar sein und weniger kosten als herkömmliches Kerosin. So jedenfalls verspricht es die US-Firma Prometheus. Kann das funktionieren? Und: Weshalb rennen Airlines und Treibstoffhändler angesichts so eines verlockenden Produktversprechens der kalifornischen Firma nicht längst die Türen ein?

Einige tun es schon. Kürzlich hat American Airlines fast 40 Millionen Liter nachhaltigen Jet-Treibstoff bei Prometheus geordert. Verglichen mit dem weltweiten Verbrauch an Kerosin ist das zwar sehr wenig, aber die Bestellung hat Signalwirkung. Weitere Airlines haben bereits Interesse bekundet. Und auch Flugzeugbauer Boom Supersonic, der Ende des Jahrzehnts die Ära der Überschall-Passagierflugzeuge wieder aufleben lassen will, lässt seine Ouverture-Maschinen dann mit 100 Prozent SAF von Prometheus abheben. Prometheus-Gründer Rob McGinnis, Chemiker und Unternehmer im Silicon Valley, ist jedenfalls überzeugt, dass das von ihm entwickelte Produktionsverfahren „die Luftfahrtbranche revolutionieren" werde.

Mit dieser Annahme könnte er durchaus richtig liegen, denn im Gegensatz zu der seit fast 100 Jahren bekannten Fischer-Tropsch-Synthese (FT), bei der unter hohem Druck und bei hohen Temperaturen aus dem sogenannten Synthesegas (Kohlenmonoxid und Wasserstoff) Treibstoffe wie Benzin, Diesel und Kerosin hergestellt werden, kommen beim Prometheus-Verfahren CO_2 und Wasser als Ausgangsstoffe direkt zum Einsatz. Beide Stoffe werden unmittelbar aus der Luft gewonnen und müssen nicht erst, wie bei FT, für den Syntheseprozess aufbereitet werden – ein entscheidender Kostenfaktor.

„Wir haben ein integriertes Direct-Air-Capture-Modul (DAC-Modul; → Exkurs: Carbon Extraction) entwickelt, das bei niedrigen Temperaturen und Drücken funktioniert", erläutert McGinnis. Am einen Ende strömen CO_2 und Wasser in den sogenannten Faraday-Reaktor hinein, am anderen Ende kommt Hexanol heraus, ein Alkohol, aus dem anschließend mithilfe eines Katalysators langkettige Kohlenwasserstoffe synthetisiert werden, zum Beispiel Diesel, Benzin oder eben SAF. Das bei diesem Produktionsschritt anfallende Wasser wird dem Prozess erneut zugeführt.

Unterm Strich liegen die Herstellungskosten des Prometheus-Sprits im Labormaßstab zurzeit knapp unter denen für fossiles Kerosin – zumindest im Westen der USA. Denn dort ist der Preis für industriell bezogenen Solarstrom, der bei dem Verfahren genutzt wird, so niedrig wie nie zuvor. In der Region Los Angeles etwa kostet Solarstrom derzeit rund 2 Cent pro Kilowattstunde – ein Ergebnis der jahrelangen staatlichen Förderung der Photovoltaik-Branche. „Je billiger wir grünen Strom einkaufen können, desto günstiger wird unser Treibstoff", sagt McGinnis. Hinzu komme, so der Firmengründer, „dass wir CO_2 und Wasser nicht erst wie bei bislang üblichen SAF-Verfahren kostenintensiv reinigen müssen, sondern ungefiltert verarbeiten können". Zudem sei die Qualität der Endprodukte gegenüber fossilen Kraftstoffen „deutlich besser, weil Prometheus-Treibstoffe keine Schwefel-Verbindungen oder andere Verunreinigungen enthalten“.

Sollte die Nachfrage rasant steigen, kommen auf die Firma allerdings einige Herausforderungen zu: Sowohl im Faraday-Reaktor als auch in der sogenannten Titan Fuel Forge, in der aus Hexanol die Folgeprodukte hergestellt werden, sind Komponenten am Werk, unter anderem spezielle Kohlenstoff-Nano-Röhren, deren Herstellung aufwändig und damit teuer ist. „Wir arbeiten momentan quasi mit Einzelstücken, die extra für unsere Anlage gebaut wurden“, sagt McGinnis. Um auf Massenproduktion umschalten zu können, müsse man „Zulieferer auftun, die imstande sind, Hunderte Nano-Röhren in kurzer Zeit zu fertigen“. Das dürfte aufgrund der damit verbundenen Investitionskosten noch eine Weile dauern. Dennoch glaubt der Prometheus-Gründer an den Durchbruch und prüft derzeit, ob sein Unternehmen die Komponenten für die Titan Fuel Forges selbst anfertigen könnte. Falls das gelingt, würde die Firma in ein paar Jahren riesige Mengen an nachhaltigem Treibstoff liefern können: laut unternehmensinternen Berechnungen in der Größenordnung eines Energiegehalts von 250 Gigawatt pro Jahr. Von dieser Prognose haben sich etliche Investoren beeindrucken lassen, darunter der Seefracht-Konzern Maersk und der Automobilhersteller BMW. Der Unternehmenswert von Prometheus wird inzwischen mit 1,5 Milliarden US-Dollar taxiert. Think big, act bigger!

Das US-Unternehmen Prometheus will mit seinem Verfahren die Herstellung von SAF revolutionieren. Sollten die Pläne realisiert werden, könnte der Preis für nachhaltiges Flugbenzin in ein paar Jahren drastisch sinken. (Prometheus)

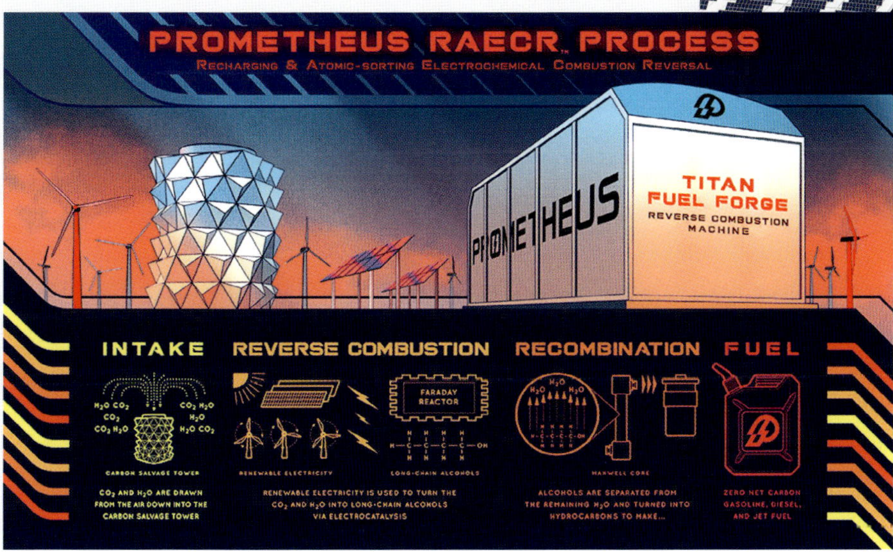

United Airlines hat Anfang 2023 ein Joint-venture unter dem Namen Blue Blade Energy mit den SAF-Produzenten Tallgrass und Great Plains gegründet. Ab 2028 soll das Unternehmen pro Jahr mehr als 150 Millionen Gallonen nachhaltiges Flugbenzin herstellen. (United Airlines)

erläutert Emirates-Cheftechniker Adel Al Redha: „Wir können den Anteil an Aromaten im SAF bei der Herstellung recht gut steuern." Dennoch war die Abstimmung des SAF-Gemisches komplexer als gedacht, da zwei unterschiedliche Sorten zum Einsatz kamen: Neste lieferte Biosprit, der im HEFA-Verfahren produziert wurde, also keinerlei Aromaten enthielt; Virent steuerte sogenanntes HDO-SAK bei, das aus zuckerhaltigen Pflanzen hergestellt wird und einen variablen Aromaten-Anteil enthält. Es wurde zuvor auch in Testflügen von United und Gulfstream genutzt – beide Male nicht als Beimischung, sondern pur. „Biogene Treibstoffe werden erst dann ihr gesamtes Nachhaltigkeitspotenzial entfalten können, wenn sie nicht nur als Drop-in-Fuels, sondern in Reinform verflogen werden können", betont Neste-Manager Jonathan Wood. Zurzeit arbeite der finnische SAF-Lieferant daran, die Produktionskapazitäten massiv auszubauen. Neue Fabriken in Singapur und Rotterdam sollen die jährliche Produktionsmenge auf 1,5 Millionen Tonnen erhöhen.

Gemessen an den weltweit notwendigen Mengen an SAF, ist das gleichwohl nur der sprichwörtliche Tropfen auf den heißen Stein. Damit der globale Luftverkehr auf SAF umgestellt werden kann, setzen vor allem die USA auf Subventionen und Steuervorteile für Unternehmen, die nachhaltiges Flugbenzin herstellen oder die dafür notwendige Technik und Anlagen entwickeln. Das US-Energieministerium hat jüngst grünes Licht für ein Investitionsprogramm in Höhe von 118 Millionen US-Dollar gegeben, das die Produktion von Biosprit ankurbeln soll. Landesweit werden mit dem Geld 17 Projekte gefördert. Auch steuerliche Anreize für Airlines stehen auf dem Programm: Der US-Bundesstaat Illinois, in dem Chicago O'Hare liegt, einer der frequentiertesten Flughäfen des Landes, gibt allen dort operierenden Fluggesellschaften eine Steuergutschrift in Höhe von 1,50 US-Dollar pro getankter Gallone SAF. Statt solche Anreize für Airlines zu schaffen und dadurch die freiwillige Nachfrage nach SAF zu erhöhen, setzt die EU hingegen auf verpflichtende SAF-Quoten – was hiesige Branchengrößen wie Lufthansa-Chef Spohr zur Weißglut treibt: „Für das Klima ist nichts gewonnen, wenn Menschen anstatt in der EU künftig in Doha oder Istanbul umsteigen", wetterte er kurz nach Bekanntwerden des EU-Klimaschutzplans „Fit for 55", der Airlines bestimmte Mindestmengen an SAF vorschreibt, wenn sie Ziele in der EU ansteuern.

Dass es ohne politischen Druck womöglich besser, eventuell sogar schneller gehen kann, die SAF-Produktion anzukurbeln, zeigt ein gerade erst im Februar besiegeltes Joint-venture von United Airlines mit den SAF-Herstellern Tallgrass und Green Plains. Unter dem Namen Blue Blade Energy wollen die Partner im Mittleren Westen der USA zahlreiche Produktionsanlagen für ATJ-SPK errichten und ab 2028 pro Jahr mehr als 150 Millionen Gallonen nachhaltigen Treibstoff herstellen. Insgesamt hat United Airlines die Abnahme von 2,7 Milliarden Gallonen SAF vertraglich zugesichert. Um den Deal mit der Airline unter Dach und Fach zu bringen, hatten sich Tallgrass und Green Plains zuvor eine millionenschwere finanzielle Unterstützung des US-Energieministeriums gesichert, damit die derzeit betriebenen Pilotanlagen der beiden Unternehmen binnen drei Jahren zu Standorten mit industrieller Produktionskapazität ausgebaut werden können.

Selbst wenn es Flugzeug- und Triebwerkherstellern sowie SAF-Lieferanten in den kommenden Jahren rasch gelingen sollte, optimierte nachhaltige Kraftstoffe in ausreichender Menge und dafür geeignete Triebwerke und Treibstoffleitungen sowie -tanks zu entwickeln, stellt die Versorgung an den Flughäfen eine weitere Hürde dar: Solange dort gleichzeitig SAF-fähige Maschinen und solche, die herkömmliches Kerosin brauchen, betankt werden

Solarenergie zählt zu den wichtigsten Ressourcen bei der Herstellung von nachhaltigem Flugbenzin. Das DLR-Institut für Solarforschung betreibt in Jülich zwei Solartürme sowie ein rund zehn Hektar großes Feld mit mehr als 2.000 beweglichen Spiegeln, sogenannten Heliostaten. Sie fangen das Sonnenlicht ein, bündeln es und lenken es zu den beiden Solartürmen. Das ebenfalls in Jülich ansässige DLR-Institut für Future Fuels testet dort Verfahren zur solaren Wasserspaltung, zur Herstellung von solaren Treibstoffen und für die Nutzung von Solarwärme in Industrieprozessen. (DLR)

müssen, bleibt den Treibstofflieferanten – und folglich den Airport-Managern – nichts anderes übrig, als beide Kraftstoffsorten parallel bereitzustellen. Das bedeutet einen immensen Mehraufwand sowohl bei der für Treibstofftanks und Tankfahrzeuge benötigten Fläche beziehungsweise Anzahl als auch bei den Buchungs- und Betankungssystemen. Manche Logistikexperten raten deshalb dazu, an Flughäfen von vornherein nur solche SAF-CAF-Mischungen vorzuhalten, mit denen alle derzeit gängigen Verkehrsmaschinen fliegen dürfen – und folglich alle Flugzeuge mit dem gleichen Treibstoff zu betanken. Ein pragmatischer Vorschlag, der angesichts des enormen logistischen Aufwands der Umstellung auf SAF sinnvoll erscheint. Bereits überprüft wird dieses Konzept vom Teesside International Airport in Großbritannien, der laut Flughafenchef Phil Forster „ab 2035 komplett CO_2-neutral“ operieren will und in Sachen SAF-Logistik seit Kurzem mit Air France/KLM kooperiert. Ähnliche Bestrebungen laufen zurzeit am Flughafen Brüssel, der seit Januar dieses Jahres über eine Pipeline der NATO mit SAF beliefert wird.

Andernorts sollen die Lieferwege und Logistikprozesse möglichst kurz und übersichtlich gehalten werden. Etwa in der Lausitz. Dort will Anlagenbauer Hy_2gen im sogenannten Green Areal Lausitz (GRAL) auf dem Gelände eines ehemaligen sowjetischen Militärflugplatzes ab 2027 einen Elektrolyseur betreiben und damit pro Jahr 11.000 Tonnen grünen Wasserstoff und daraus sogenanntes Power-to-Liquid-SAF (PtL-SAF) erzeugen. Die potenziellen Abnehmer stammen aus der Region, darunter der DHL-Hub am Drehkreuz Leipzig/Halle. Das Frachtunternehmen will seine Cargo-Maschinen ab 2030 mit 30 Prozent beigemischtem SAF betanken. Für Hy_2gen-Chef Cyril Dufau-Sansot hängen die Produktion von grünem Wasserstoff und SAF unmittelbar zusammen: „Aus grünem Wasserstoff, den wir vor Ort produzieren, und lokal eingekauftem CO_2 stellen wir mithilfe der Fischer-Tropsch-Synthese sortenreines Biomethanol her, das zu SAF oder anderen Treibstoffsorten weiterverarbeitet werden kann.“ Der für die Prozesse nötige Ökostrom stamme aus dem öffentlichen Netz. Überschüssigen Wasserstoff, der für die Biosprit-Produktion nicht gebraucht wird, wolle man zu günstigen Preisen an regionale ÖPNV-Unternehmen abgeben, die ihre Fahrzeuge schrittweise auf Wasserstoff-Betrieb umstellen.

Hy_2gen ist nur eines von vielen Unternehmen, die am jungen SAF-Markt mitmischen wollen – einem überaus lukrativen Markt, dessen globales Volumen im Jahr 2030 laut einer Studie von Market Research Future 60 Milliarden US-Dollar erreichen dürfte. Für 2050 rechnen die Forscher von Transparency Market Research gar mit einem Marktvolumen von mehr als 400 Milliarden US-Dollar. Das sprunghafte Wachstum, darin sind sich die Marktforscher einig, werde vor allem aus der rasant steigenden SAF-Nachfrage in den USA, Europa, China und Indien resultieren. In den genannten asiatischen Ländern sowie im Nahen Osten und Nordafrika könnten in den kommenden zwei Jahrzehnten enorme Produktionskapazitäten für die Herstellung von strom- und solarbasierten Treibstoffen entstehen.

Auch Anlagenbauer Honeywell hat den Markt im Visier. In der Luftfahrtbranche bislang vor allem als Triebwerkshersteller tätig, will das Unterneh-

Das Konsortium des Projekts Sun-to-Liquid hat eine Methode entwickelt, um erneuerbare Kraftstoffe auf Basis von Sonnenenergie herzustellen. Mithilfe konzentrierter Sonnenstrahlen wandelt ein eigens entworfener Reaktor in einem thermochemischen Prozess Wasser und CO_2 in sogenanntes Synthesegas um. Dieses Gas wird anschließend im Fischer-Tropsch-Verfahren zu synthetischen Kraftstoffen verarbeitet. (DLR)

men künftig schlüsselfertige, modular aufgebaute Anlagen für die Produktion von nachhaltigen Kraftstoffen liefern. Die könnten etwa – in kleinster Ausfertigung – an regionalen Flughäfen errichtet werden, was dem Konzept der Dezentralisierung der SAF-Infrastruktur entgegenkäme, das Experten wie die Aviation Initiative for Renewable Energy in Germany (AIREG) für einen schnellen Markthochlauf in ihrer Studie „Nachhaltige Flugkraftstoffe“ empfehlen. Die modulare Bauweise habe den weiteren Vorteil, dass die Anlagen schnell aufgebaut werden können, sagt Honeywell-Manager Kevin O’Neil. Die Auswahl des Produktionsverfahrens – Honeywell setzt auf Mais und andere landwirtschaftliche Produkte, aus denen Bioethanol als Grundstoff für die SAF-Herstellung gewonnen wird – könnte indes Probleme bereiten, zumindest in jenen Ländern, die keine so großen Agrarflächen besitzen wie etwa die USA. Deutschland und andere EU-Staaten sowie namhafte Umweltorganisationen sehen die Verwendung von eigens für die Gewinnung von Treibstoffen angebauten Agrarpflanzen kritisch, da die landwirtschaftlichen Nutzflächen für die Produktion von Nahrungsmitteln benötigt werden. Eine der in der wegweisenden ReFuelEU-Richtlinie der Europäischen Kommission aufgestellten Anforderungen für nachhaltige Treibstoffe lautet daher konsequent: Die Anbauflächen der verwendeten Rohstoffe dürfen nicht zu Lasten jener Flächen gehen, die für die globale Lebensmittelversorgung gebraucht werden. Die simple Logik dahinter: Essen ist wichtiger als fliegen!

Doch damit nicht genug. Um sicherzustellen, dass SAF-Treibstoffe wirklich nachhaltig, sprich: klimaneutral sind, gibt es eine Reihe von Kriterienkatalogen. Einen der umfassendsten und schärfsten hat Atmosfair aufgestellt. Als uneingeschränkt zulässige CO_2-Quelle für die SAF-Produktion gilt demnach lediglich das Direct-Air-Capture-Verfahren **(DAC; → Exkurs: CO_2-Extraktion aus der Luft)**. Alle anderen Quellen, darunter Biogas, Biomasse, Klärschlamm und kommunale Abfälle, werden zwar vorerst noch als bedingt nachhaltig anerkannt, verlieren aber im Lauf der kommenden 20 bis 30 Jahre das Prädikat (weil andere Verfahren klimaneutraler sind und schrittweise flächendeckend verfügbar sein werden). Grundsätzlich als nicht nachhaltig gilt die Nutzung von CO_2 aus dem Mineralölsektor, aus Zementwerken oder aus der Stahl- beziehungsweise Aluminiumproduktion. Auch Kohlendioxid, das bei der Produktion von Bioethanol als Abfallprodukt entsteht, gilt nicht als nachhaltig. Zudem muss der für die Erzeugung des SAF benötigte Strom zu 100 Prozent aus erneuerbaren Energiequellen stammen, die nicht nach dem Erneuerbare-Energien-Gesetz vergütet werden. Weitere Kriterien betreffen die Vereinbarkeit mit den ESG-Zielen der Vereinten Nationen sowie die Vermeidung von Wasserentnahmen in Regionen, die unter Wasserstress leiden.

Apropos Energie: Einer der Gründe für den derzeit hohen Preis von nachhaltigem Flugbenzin ist, dass die Herstellung von SAF – ganz gleich, welche Ausgangsstoffe dafür genutzt werden – enorme Mengen an Strom aus erneuerbaren Quellen verbraucht. Die oben erwähnte AIREG-Studie empfiehlt infolgedessen für Deutschland und andere EU-Länder den „Import biogener beziehungsweise strombasierter Roh- und Kraftstoffe aus Regionen mit einem entsprechend hohen Vorkommen erneuerbarer Energien, [...] weil das Produktionspotenzial für nachhaltige und kosteneffiziente Flugkraftstoffe in Deutschland und der EU im Vergleich zur Nachfrage äußerst beschränkt" sei. Mit anderen Worten: Günstiger Biosprit muss dort eingekauft werden, wo Solar-, Wind- oder Wasserkraft ausreichend vorhanden und günstig zu bekommen sind. Energieautarkie bei nachhaltigen Treibstoffen ist hierzulande nicht machbar. Ob der Preis für SAF aber jemals das niedrige Niveau von Kerosin erreichen wird, ist keineswegs sicher – auch weil die Nachfrage in den kommenden zwei oder drei Jahren „von nahe null auf praktisch unendlich steigen wird", schätzt Luftfahrt-Analyst Sumit Singh.

Der hohe Preis für Strom aus erneuerbaren Quellen erweist sich als gravierender Bremsklotz bei der Entwicklung der nachhaltigen Luftfahrt, meint auch Manfred Aigner, ehemaliger Direktor des DLR-Instituts für Verbrennungstechnik in Stuttgart: „Strombasierte Kraftstoffe werden in der Produktion immer teurer bleiben als die fossilen. Durch regulative Maßnahmen, wie eine CO_2-Steuer, lassen sich die Mehrkosten der strombasierten Kraftstoffe zwar teilweise ausgleichen. Und bei der Herstellung kann man noch viele Effizienzgewinne rausholen. Auch bessere und größere Anlagen tragen dazu bei, die Produktion wirtschaftlicher zu machen. Im Luftverkehr sind sie aber zurzeit alternativlos, vor allem für die Langstrecke. Wir müssen also eine Weile mit den höheren Kosten leben."

Treibstoffhersteller, Airlines und Forschungsinstitute haben daher in jüngster Zeit erkleckliche Summen in Projekte gesteckt, um kostengünstigere Produktionsverfahren zu entwickeln. Einer der chancenreichen Ansätze heißt Sun to Liquid (StL): Die vom DLR, dem Thinktank Bauhaus Luftfahrt, der ETH Zürich und der spanischen Forschungsgruppe IMDEA entwickelte Technik wandelt CO_2 und Wasser mithilfe von Solarenergie in ein Kohlenwasserstoffgemisch um, aus dem anschließend mittels Raffination SAF gewonnen wird. Laut einer Berechnung von Bauhaus Luftfahrt reicht bereits ein kleiner Anteil der weltweiten Wüstenflächen aus, um den gesamten zivilen Flugverkehr mit SAF aus solargetriebenen StL-Anlagen zu versorgen. Rund 6.000 solcher Fabriken seien dafür nötig, erbaut etwa in sonnenreichen Regionen wie den Ländern des Nahen Ostens oder Nordafrikas. Zum Vergleich: Für die Herstellung derselben SAF-Menge aus Biomasse müssten 150.000 Produktionsanlagen gebaut werden.

Problematisch gestaltet sich beim StL-Verfahren die Beschaffung des Kohlendioxids: „In den benötigten Mengen steht CO_2 nicht als Abfallprodukt zur Verfügung", sagt Andreas Sizmann, der das StL-Projekt bei Bauhaus Luftfahrt leitet. Um den Bedarf zu decken, müsse zusätzliches CO_2 aus der Atmosphäre extrahiert werden (→ Exkurs: CO_2-Extraktion aus der Luft). Damit gehe ein „signifikanter Energie- und Kostenaufwand" einher, der letztlich jedoch kein Ausschlusskriterium sei. Denn der Wirkungsgrad des Verfahrens, sprich: die Ausbeute an Flugbenzin sei, so Sizmann, „im Vergleich zu fossilem oder aus Biomasse gewonnenem Kerosin um ein Vielfaches höher". Die ermutigenden Ergebnisse seien seit Ende 2019 bekannt, sagt der Projektleiter, und auf dem Weltklimagipfel im November 2021 gewann das StL-Team sogar den begehrten Energy Globe World Award. Um die weitläufigen Wüstenflächen etwa in Nordafrika oder dem Nahen Osten für die Produktion von StL-Treibstoffen nutzen zu können, seien wirtschaftspolitische Abkommen mit den entsprechenden Ländern freilich unumgänglich.

Dem Schweizer Unternehmen Synhelion ist es derweil im August vorigen Jahres gemeinsam mit dem DLR-Forschungszentrum in Jülich gelungen, das für die Produktion von SAF nötige Synthesegas ausschließlich mithilfe von Solarenergie herzustellen – und zwar in industrieller Größenordnung. Für Synhelion-Manager Philipp Good „ein Meilenstein". Die von dem Spiegelfeld in Jülich eingefangene Sonnenstrahlung wird auf einen Empfänger im sogenannten Multifokus-Solarturm konzentriert. Dabei entsteht Wärmeenergie, die für die thermische Spaltung von Wasser in Wasserstoff und Sauerstoff erforderlich ist. Als CO_2-Quelle verwendet Synhelion zertifizierte Bioabfälle. Als nächsten Schritt errichtet das Unternehmen ebenfalls in Jülich die weltweit erste industrielle Anlage für Solartreibstoffe – mit einer jährlichen Produktionskapazität von anfangs 150.000 Litern – und will sie noch in diesem Jahr in Betrieb nehmen. Zu den ersten Abnehmern des nachhaltigen StL-Treibstoffs gehört die Fluggesellschaft Swiss.

Inzwischen hat das DLR gemeinsam mit dem Wuppertal Institut und dem Institut für Zukunftsenergie und Stoffstromsysteme (IZES) in einer Studie näher untersucht, welche Rolle der Nahe Osten und Nordafrika spielen könnten, um Deutschland und Europa mit synthetischen Kraftstoffen aus erneuerbaren Ressourcen zu versorgen. Die Forschenden haben erstmals die gesamte MENA-Region (Englisch: Middle East and North Africa) mit hochaufgelösten Satellitenbildern betrachtet. Die Autorinnen und Autoren modellierten die Produktionskette für synthetische Kraftstoffe und integrierten sie in ihre Berechnungen. Im Gegensatz zu anderen Studien kombinierten sie technologische

Solarthermisches Turm-Kraftwerk NOORo III in Marokko: Im Nahen Osten und Nordafrika sind mit insgesamt mehr als 400.000 Terawattstunden pro Jahr sehr große Erzeugungspotenziale an erneuerbaren Energien vorhanden. Dies trifft vor allem auf die Nutzung von Solarenergie zu. Entsprechend groß sind die Potenziale, um synthetische Kraftstoffe herzustellen. Das Exportpotenzial der sogenannten MENA-Region könnte den deutschen Bedarf an synthetischen Kraftstoffen um das 60- bis 1.200-Fache übersteigen. (DLR)

und ökonomische Aspekte mit der Bewertung individueller Länderrisiken für alle 17 betrachteten Länder der Region. Dazu flossen Analysen der Ressourcen, der politischen Rahmenbedingungen sowie der Rahmenbedingungen für Investitionen ein. „Zum ersten Mal liegt damit eine umfangreiche Analyse vor – als Grundlage für weitere Forschungsarbeiten, aber auch als Informationsquelle und Basis für Entscheiderinnen und Entscheider in Industrie und Politik“, sagt Jürgen Kern, Projektleiter für die Studie beim DLR-Institut für Vernetzte Energiesysteme.

Die MENA-Region hat mit insgesamt mehr als 400.000 Terawattstunden pro Jahr sehr große Erzeugungspotenziale an erneuerbaren Energien, vor allem bei der Nutzung von Solarenergie in Form konzentrierender Solarthermie (Concentrated Solar Power; CSP). Entsprechend groß sind die Potenziale, um synthetische Kraftstoffe herzustellen. Dies gilt selbst, wenn man den langfristigen Eigenbedarf der MENA-Länder für die Umstellung auf erneuerbare Energien abzieht. Abhängig vom angenommenen Entwicklungsszenario – negativ, konservativ, positiv – könnte das Exportpotenzial den deutschen Bedarf an synthetischen Kraftstoffen um das 60- bis 1.200-Fache übersteigen. Nahezu alle MENA-Länder weisen demnach bedeutende Potenziale auf, um synthetische Kraftstoffe kostengünstig herzustellen. Im Jahr 2030 könnten die Produktionskosten zwischen 1,92 und 2,65 Euro pro Liter SAF liegen – im Jahr 2050 zwischen 1,22 und 1,65 Euro pro Liter. Für diese Zahlen haben die Forschenden Investitionskosten im mittleren Bereich angenommen und eine positive Entwicklung der Investitionsbedingungen vorausgesetzt. Das Exportpotenzial von StL-SAF, das für weniger als zwei Euro pro Liter hergestellt werden könnte, beträgt selbst bei negativen Investitionsbedingungen im Jahr 2050 rund 28.000 Terawattstunden. Entwickeln sich die Investitionsbedingungen positiv, beliefe sich das Exportpotenzial auf mehr als 50.000 Terawattstunden pro Jahr. Für die Bewertung der Exportpotenziale sind allerdings nicht nur die Herstellungskosten, sondern auch das Investitionsumfeld entscheidend. „Berücksichtigt man mögliche Investitionsrisiken, hat dies einen signifikanten Einfluss auf die Gesamtkosten und damit auf die mögliche Auswahl der Exportländer“, so DLR-Forscher Kern. Bleibt zu hoffen, dass die MENA-Region sich in den kommenden Jahren politisch stabiler entwickelt als in jüngster Vergangenheit.

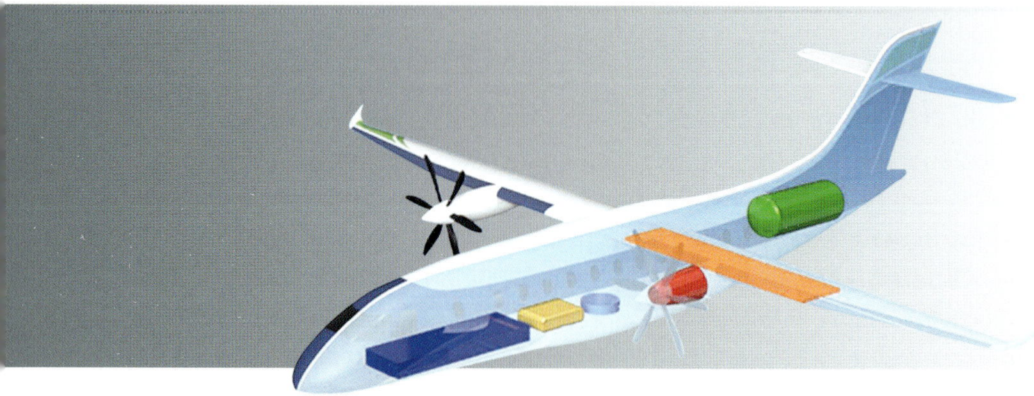

Grüner Wasserstoff – Treibstoff der Zukunft?

Es kocht und brodelt in den Laboren, die Zeiger der Messinstrumente zappeln, und allenthalben türmen sich die Computerterminals bis unter die Decken der klimatisierten Räume. Was hier erforscht wird, in einem abgeschotteten Bereich auf dem Campus der Universität Stuttgart, ist nicht etwa ein Zaubertrank oder eine Erfindung Daniel Düsentriebs. Es geht um die Zukunft der Luftfahrt. Nicht mehr, aber auch nicht weniger.

Mittendrin: Jens Mende, promovierter Physiker und Schaltzentrale der Öffentlichkeitsarbeit am DLR-Standort in der baden-württembergischen Landeshauptstadt. „Wasserstoff – da sind Sie hier richtig", sagt er fast beiläufig und öffnet bei einem Rundgang durch die Institute viele Türen, die für Außenstehende sonst geschlossen bleiben. Dahinter: Prüfstände, Chromatographen und andere hochkomplizierte Gerätschaften, Hunderte Kabel und Drähte, Heizschlangen, Kühlmanschetten – Utensilien, die Forscherherzen höher schlagen lassen.

Ein paar Flure weiter, auf einer anderen Etage, sitzt André Thess in seinem Büro. Eines der Spezialgebiete des Direktors am Institut für Technische Thermodynamik: wasserstoffelektrische Antriebe für die Luftfahrt. Ein anderes: außergewöhnliche Kochkreationen – sozusagen angewandte Thermodynamik mit Herd und Grill. „Darüber sprechen wir beim nächsten Mal“, schlägt er vor, „heute steht die Fliegerei auf dem Programm.“ First things first.

„Ohne den schnellen Umstieg auf erneuerbare Ressourcen und die Entwicklung effizienterer Antriebssysteme gerät die Mobilitätswende ins Stocken – auch und gerade in der Luftfahrt“, sagt Thess. Doch wie lässt sich der Wandel zu nachhaltigen Alternativen praktisch bewerkstelligen? Für viele Branchenexperten und Wissenschaftler wie Thess lautet die Lösung: Wasserstoff. Das im Universum häufigste chemische Element soll die Wende möglich machen – vorausgesetzt, der Stoff wird klimaneutral erzeugt. Und das ist mit hohen Kosten verbunden.

Auf der Erde kommt Wasserstoff (H_2) fast ausschließlich in chemisch gebundener Form vor. Um ihn als Energieträger nutzen zu können, muss er zunächst aus diesen Verbindungen herausgelöst werden. Dies geschieht mittels Energie in Form von Strom (Elektrolyse) oder hohen Temperaturen (thermische Spaltung). Der sogenannte graue Wasserstoff wird vorwiegend aus Erd-

Wasserstofftanks beim Deutschen Zentrum für Luft- und Raumfahrt (DLR) in Köln. Die Speicherung des Gases erfolgt bei hohem Druck. (DLR)

gas gewonnen, aktuell macht er etwa 95 Prozent der weltweiten Produktion aus. Dabei entstehen erhebliche CO_2-Emissionen. Beim blauen Wasserstoff trennt man dieses Treibhausgas ab und speichert es zum Beispiel in tiefen Gesteinsschichten. Nachhaltig und klimaneutral ist indes nur der sogenannte grüne Wasserstoff, bei dessen Herstellung die nötige Energie aus Sonnen-, Wind-, Wasserkraft oder Biomasse stammt (→ Exkurs: Die vielen Farben des Wasserstoffs).

So verlockend die Idee ist, grünen Wasserstoff statt Kerosin als Energiequelle für Flugzeuge zu nutzen – sie bringt vielerlei technische Probleme mit sich, auch weil das Gas erst bei minus 253 °C flüssig und unter hohem Druck

Im Rahmen des Projekts EXACT befassen sich Forschende des DLR mit der komplexen Infrastruktur der künftigen Wasserstoff-Wirtschaft. Die Grafik illustriert, wie umfassend Raumordnung und Logistik durch die Energie- und Mobilitätswende verändert werden. (DLR)

komprimiert für Antriebe nutzbar wird. Wasserstoff zählt bekanntlich zu den sogenannten kryogenen Treibstoffen. Ein weiterer Grund, weshalb der Umstieg nicht von heute auf morgen geschehen kann: Die für Transport und Lagerung von Kerosin genutzte Logistik ist für das Handling von Wasserstoff nur bedingt geeignet. „Wir brauchen sehr viel neue Technik", sagt Thess. Und die fällt nicht kostenlos vom Himmel. Bis 2050 stehen allein in Deutschland Investitionen in dreistelliger Milliardenhöhe für Infrastruktur und Produktionsanlagen an, um Wasserstoff anstelle fossiler Energieträger nutzen zu können, so das Ergebnis einer Marktstudie (→ Exkurs: Infrastruktur für LH_2-Luftverkehr).

Dabei hatten Konstrukteure in den USA und der Sowjetunion schon während des Kalten Krieges Jets mit Wasserstoffantrieb entwickelt. Die damit gesammelten Erfahrungen gerieten jedoch bald in Vergessenheit. Übrigens standen die Entwickler der Prototypen damals vor ähnlichen Problemen wie heutige Flugzeughersteller: Bereitstellung des Kraftstoffs und geringe Reichweite der Maschinen (→ Exkurs: Historische Entwicklungen).

Ein weiterer Grund, weshalb die Forschungen in den USA und der Sowjetunion seinerzeit eingestellt wurden: Die Herstellung von Wasserstoff, insbesondere der CO_2-neutral erzeugten Variante, verbraucht viel Energie – wodurch das Gas vergleichsweise teuer wird. Einige Analysten sind dennoch zuversichtlich und schätzen, dass die Kosten für Liquid H_2 (LH_2), wie der Treibstoff im Fachjargon heißt, ab etwa 2030 auf 2,00 Euro/kg bis 2,50 Euro/kg sinken würden. Laut einer Studie von Aurora Energy Research sind allerdings eher 3,00 Euro/kg realistisch. Die Zwei-Euro-Schwelle werde wohl erst 2050 erreicht, so die Marktforscher. Zum Vergleich: Der Preis für Kerosin der äquivalenten Energiemenge liegt derzeit bei rund 1,70 Euro.

Ohnehin ist davon auszugehen, dass nachhaltiges Fliegen mit Wasserstoffantrieb – ob mit Brennstoffzelle oder Turbine – oder Sustainable Aviation Fuel (SAF → Kapitel 3), deutlich teurer sein wird als heute. Selbst wenn sich die Treibstoffkosten im Lauf der kommenden 30 Jahre dem heutigen Preisniveau von Kerosin annähern sollten, gehen Experten davon aus, dass Passagiere bei Kurz- und Mittelstreckenflügen mit Aufschlägen von 30 Prozent oder mehr auf die Ticketpreise rechnen müssen. Dafür verantwortlich sind zum einen die Investitionskosten für neue Flugzeugtypen, zum anderen die infolge hoher Infrastrukturausgaben steigenden Flughafengebühren – und schließlich die geringere Anzahl an Passagieren, die in den neuen Maschinen Platz finden, da sowohl Batterien als auch Wasserstofftanks im Rumpf untergebracht werden

Exkurs:

Historische LH_2-Flugzeuge

Wasserstoff als Energieträger für Flugzeuge zu nutzen, ist gar nicht so neu. Schon während des Kalten Krieges arbeiteten Ingenieure und Hersteller an entsprechenden Konzepten. Nachhaltigkeit lag damals allerdings nicht in ihrem Fokus. Vielmehr ging es um Tarnung und militärtechnischen Vorsprung. Als ein US-Spionageflugzeug Mitte der 1950er Jahre auf dem Gebiet der damaligen Sowjetunion riesige Anlagen zur Produktion von flüssigem Wasserstoff erspäht hatte, folgerte das Pentagon, dass die Sowjets LH_2 als Flugzeugtreibstoff einsetzen wollten – was sich später als Irrtum herausstellte, der Treibstoff wurde für den Start der Trägerrakete von „Sputnik 1“ benötigt. Das US-Verteidigungsministerium legte ein Projekt für Wasserstoff-Flugzeuge auf und spannte das Rüstungsunternehmen Lockheed Martin dafür ein. An einem geheim gehaltenen Ort in Kalifornien entwickelte das Unternehmen die CL-400, doch ein Prototyp wurde nie fertiggestellt. Die Ingenieure scheiterten an zwei Problemen: der Größe des Tanks und der Kryotechnik, die damals erst in den Anfängen steckte.

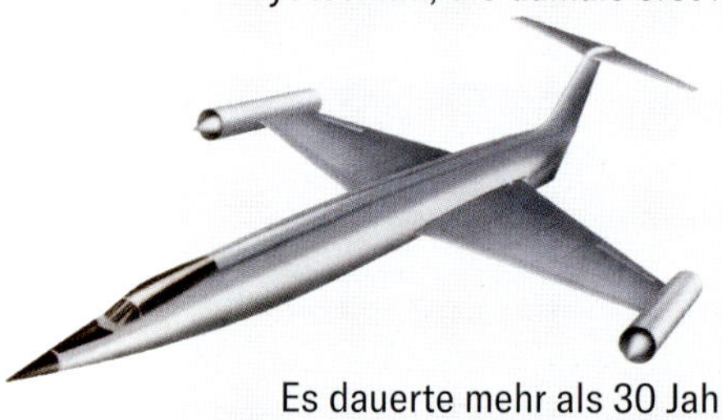

Konzeptstudie der Lockheed CL-400 Suntan aus dem Jahr 1957. Das US-Verteidigungsminsterium hatte den Hersteller beauftragt, ein Aufklärungsflugzeug zu entwickeln, das mit Wasserstoff angetrieben wurde. Das geheime Projekt wurde bald darauf wieder aufgegeben, ohne dass ein Prototyp entstand. (Lockheed)

Es dauerte mehr als 30 Jahre, bis diese Probleme gelöst wurden – allerdings auf der anderen Seite des Eisernen Vorhangs. 1988 rüstete der sowjetische Hersteller Tupolew ein dreistrahliges Verkehrsflugzeug vom Typ TU-154 für die Verbrennung von Wasserstoff um. Das rechte der drei am Heck angebrachten Kusnezow-Triebwerke der dann TU-155 genannten Maschine war für LH_2 ausgelegt. Der Tank dafür befand sich im hinteren Bereich der Druckkabine. Von außen fiel die Isolierung der gekühlten Treibstoffleitungen auf, die oberhalb und unterhalb der Fensterreihe am Rumpf entlang verliefen. Oben auf dem T-Leitwerk befand sich das Not-Auslassventil für den Wasserstoff. Schon im Mai 1990 kam die TU-155 bei ihrem ersten Auslandsbesuch zur damals das letzte Mal in Hannover stattfindenden Internationalen Luftfahrtausstellung. Dem Ende der Sowjetunion folgte bald darauf das Ende des Projekts.
Rund 100 Testflüge hatte die Maschine bis dahin absolviert.
Ein geplantes Nachfolgemodell kam nicht mehr zustande.
Heute gelten die sowjetischen Versuche als Meilenstein.

Der sowjetische Hersteller Tupolev rüstete Ende der 1980er Jahre eine TU-154 für die Verbrennung von Wasserstoff um. Die Maschine absolvierte rund 100 Testflüge.
(Jürgen Schiffmann/Wikimedia)

Flugzeughersteller Airbus veröffentlichte im vergangenen Jahr eine Reihe von Designstudien, die unter anderem zeigen, wie Wasserstofftanks in Flugzeugen untergebracht werden könnten, die von LH_2-Brennstoffzellen angetrieben werden. (Airbus)

müssen, wodurch die Kabinen zwangsläufig kleiner werden. Kurzum: Die Ära von billigen Urlaubsflügen und City-Hopping dürfte dann zu Ende gehen; vor allem Lowcost-Carrier könnten in Turbulenzen geraten.

Derweil laufen die Forschungen und Entwicklungen bei den Triebwerk- und Flugzeugherstellern auf Hochtouren. Den meisten ist klar, dass Wasserstoff neben SAF und Elektroantrieb (→ Kapitel 5) eine wichtige Option für den nachhaltigen Umbau der Branche ist. Zurzeit herrscht ein scharfer Wettbewerb zwischen den Verfechtern der Gasturbine, die Wasserstoff direkt verbrennt, um Flugzeuge fortzubewegen, und den Befürwortern der Brennstoffzelle, in der aus Wasserstoff mithilfe einer chemischen Reaktion Energie für den Betrieb von Elektromotoren erzeugt wird, die das Flugzeug antreiben. Womöglich werden beide für unterschiedliche Flugzeugtypen und Reichweiten zum Einsatz kommen. Für das Klima sind beide Antriebsarten laut der 2022 erschienenen Studie „Making Net-Zero Aviation Possible“, herausgegeben von der Mission Possible Partnership und dem Weltwirtschaftsforum, jedenfalls annähernd gleich vorteilhaft: Bei der Verbrennung von Wasserstoff in Gasturbinen werden die CO_2-Emissionen gegenüber Kerosin um 95 Prozent gesenkt, bei der Brennstoffzelle um 96 Prozent. Nur Elektroflugzeuge sind noch klimafreundlicher.

Europas größter Flugzeughersteller Airbus fährt beim Thema Wasserstoff zweigleisig. 2020 stellte das Unternehmen seine Zero-Emission-Strategie vor. Demnach will Airbus Passagierflugzeuge mit Wasserstoff-Gasturbinenantrieb schon 2035 auf den Markt bringen – was als äußerst ambitioniert gilt. Chefingenieurin Sabine Klauke gibt sich optimistisch: „Viele der für Zero-Emission-Flugzeuge nötigen technischen Verfahren, etwa für das Handling von LH_2, sind bereits vorhanden", sagte die Airbus-Managerin im Herbst 2022 anlässlich der Vorstellung einer Kooperation mit dem Raumfahrt-Konzern Ariane. „Dieses Know-how können wir nutzen." Gleich drei Zero-E-Modellreihen hat Airbus in Planung: eine Turboprop-Variante für Strecken bis 1.800 Kilometer und 100 Passagiere, eine Turbofan-Variante mit einer Reichweite von rund 3.500 Kilometern, die bis zu 200 Fluggäste befördern kann, sowie einen futuristisch anmutenden Nurflügel-Jet, der in etwa dieselben Leistungsmerkmale wie die Turbofan-Version haben soll – allesamt angetrieben von Gasturbinen.

Im vergangenen November legte das Unternehmen nach und präsentierte zudem ein Aggregat mit Wasserstoff-Brennstoffzelle. Das Funktionsprinzip des gemeinsam mit Elring-Klinger entwickelten Antriebs ist schnell erklärt: Wasserstoff aus einem Kältetank wird erwärmt und durch Röhren in die Brennstoffzelle geleitet. Dort reagiert er mit Sauerstoff, der aus der Außenluft in die Zelle strömt. Bei dieser chemischen Reaktion entstehen Wasser und eine Gleichstromspannung, die mit einem Inverter in Wechselstrom umgewandelt wird, der einen Elektromotor antreibt, dessen Propeller der Maschine Schub verleiht. Die in der Brennstoffzelle anfallende thermische Ener-

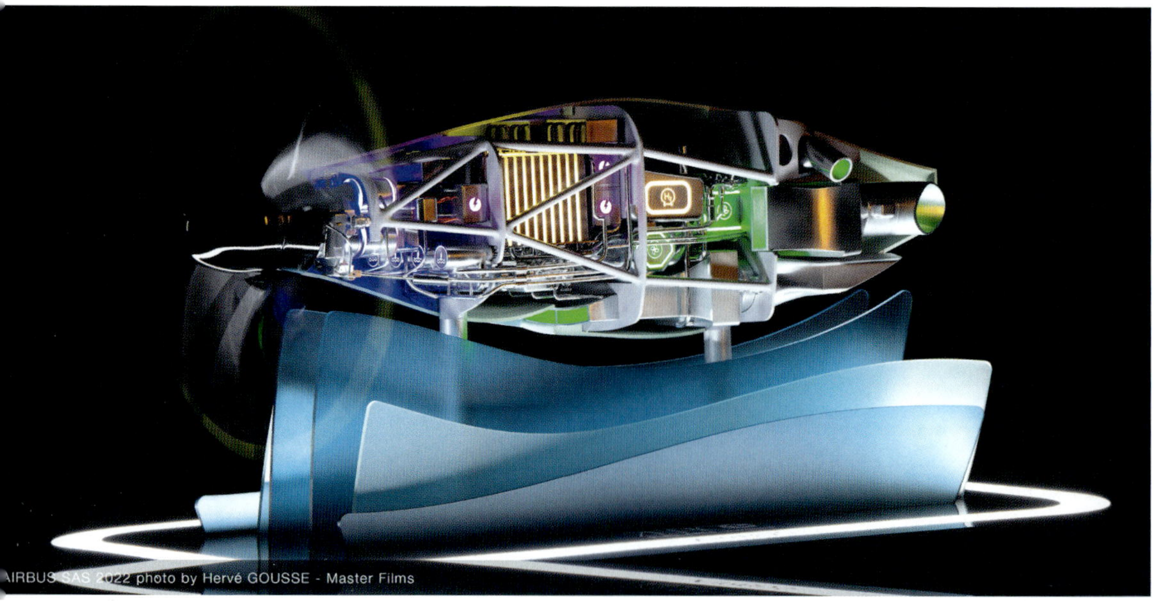

Im Herbst 2022 präsentierte Airbus erstmals das Anschauungsmodell eines mit Brennstoffzelle angetriebenen Aggregats für Verkehrsflugzeuge. (Airbus)

Exkurs:

Die vielen Farben des Wasserstoffs

Das von Natur aus farblose Gas hat in jüngster Zeit viele bunte Bezeichnungen erhalten. Sie reflektieren die unterschiedlichen Methoden, die für die Produktion von Wasserstoff genutzt werden. Wirklich klimaneutral ist nur die grüne Variante; als bedingt klimafreundlich gelten die blaue und die rote.

Grüner Wasserstoff

wird mittels Elektrolyse aus Wasser gewonnen und ist klimaneutral, sofern der für das Verfahren verwendete Strom aus fossilfreien, erneuerbaren Quellen stammt, etwa aus Wind- oder Sonnenenergie.

Türkiser Wasserstoff

entsteht bei der thermischen Spaltung von Methan (CH_4). Als Nebenprodukt wird reiner Kohlenstoff gewonnen. Je nach Energiequelle, Förderung des Methans und Verarbeitung des Kohlenstoffs entstehen mehr oder weniger hohe Emissionen. Daher ist türkiser Wasserstoff nicht vollständig klimaneutral.

Blauer Wasserstoff

wird ebenfalls aus Methan erzeugt, allerdings fällt als Nebenprodukt CO_2 an, das im Boden gespeichert wird. Aufgrund der noch wenig erforschten Langzeitwirkung der CO_2-Speicherung ist unklar, ob blauer Wasserstoff auf lange Sicht klimaneutral ist.

Grauer Wasserstoff

entsteht bei der Spaltung fossiler Brennstoffe mit Strom aus fossilen Energien und ist zu 100 Prozent klimaschädlich.

Weißer Wasserstoff

fällt als Abfallprodukt industrieller chemischer Verfahren an, die meist den Einsatz fossiler Brennstoffe erfordern. Nicht klimaneutral.

Roter Wasserstoff

wird mittels Elektrolyse gewonnen; der dafür nötige Strom stammt aus Kernkraftwerken. Der Weltklimarat stuft diese Methode als klimaneutral ein, viele Umweltverbände erkennen roten Wasserstoff aber nicht als nachhaltig an, weil Atomreaktoren große Mengen an Abwärme produzieren und die umweltgerechte Entsorgung radioaktiver Abfälle nicht sichergestellt ist.

Oranger Wasserstoff

ist die auf der Erde einzige Variante, die in molekularer Form natürlich vorkommt, allerdings nur in geringen Mengen.

Gelber Wasserstoff

bezeichnet die Produktion des Gases aus einem Mix regenerativer Stromquellen und fossiler Brennstoffe. Das Verfahren ist nicht klimaneutral.

Brauner Wasserstoff

wird unter Verwendung von Kohle als Energielieferant für die Elektrolyse hergestellt und ist daher klimaschädlich.

gie wird in einem Wärmetauscher aufgefangen; geringe Mengen Restwärme entweichen in die Umgebung. Über einen Auslass gelangt das bei der Reaktion entstehende Wasser nach draußen.

Die Kapazitäten des Aggregats seien noch begrenzt, räumte Glenn Llewellyn bei der Vorstellung ein: „Brennstoffzellen sind für Maschinen mit bis zu 100 Passagieren und einer Reichweite von maximal 2.000 Kilometern sinnvoll“, so der Chef der Zero-Emissions-Sparte bei Airbus. Im Gegensatz zum Gasturbinenantrieb verspreche die Brennstoffzellen-Technik jedoch nahezu

Im Testfeld BALIS untersuchen Forschende des DLR, wie die einzelnen Kompenenten des Wasserstoff-Brennstoffzellenantriebs optimal miteinander zusammenwirken können. BALIS ermöglicht es, sowohl die Kernkomponenten eines Antriebsstranges basierend auf Brennstoffzellen und/oder Batterien als auch deren Wirkung auf das gesamte Antriebssystem realitätsnah und einfach zu testen. (DLR)

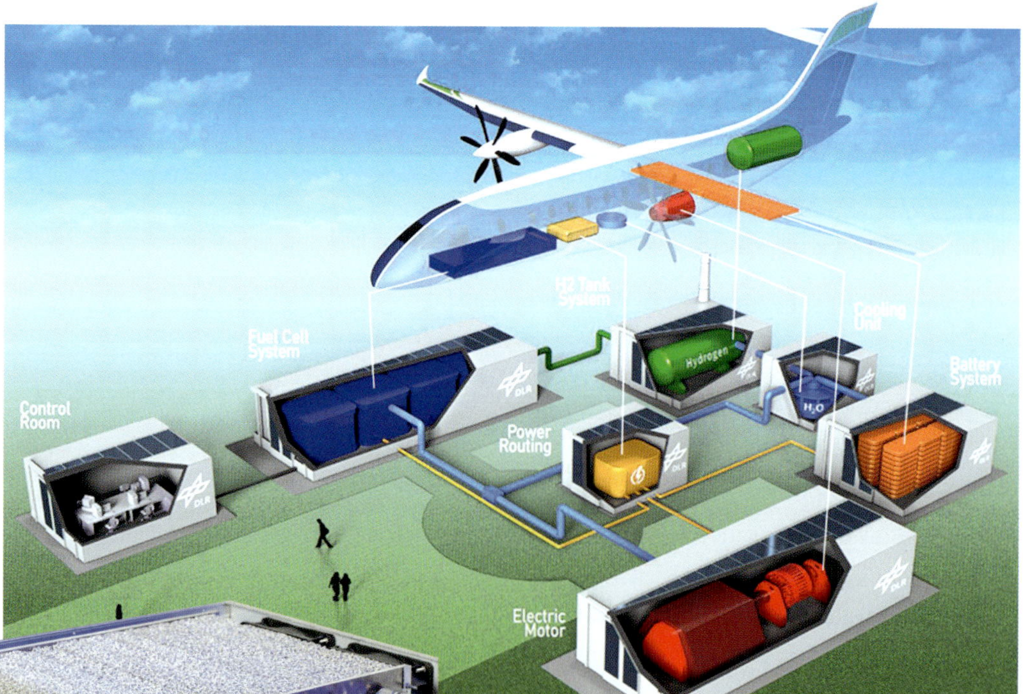

Alles andere als trivial: Design und Bau von Brennstoffzellen (links) erfordern ein Höchstmaß an physikalisch-technischer Präzision. (DLR)

völlige Emissionsfreiheit, weil keine klimaschädlichen Stickoxide (NO_X) entstehen (→ Exkurs: Stickoxide – die heimtückischen Klimakiller).

Airbus hat das Brennstoffzellensystem inzwischen ausgiebig am Boden getestet. Erste Testflüge mit einer umgebauten A380 seien für 2027 geplant. 2035 wolle man die ersten Maschinen mit der neuen Antriebstechnik produzieren. Ein ehrgeiziger Plan, denn der Weg vom Prototyp zur Serie weist etliche verfahrenstechnische Hürden auf, gibt DLR-Forscher Thess zu bedenken: „Wenn Sie eine kleine Gasturbine konstruieren, eine technische Zeichnung anfertigen und dann alle Maßzahlen mit drei multiplizieren, dann wird diese hochskalierte Turbine im Wesentlichen auch funktionieren, weil sie im Prinzip ein skalierbares strömungstechnisches System ist. Bei einer Brennstoffzelle funktioniert das nicht, da sie ein quasi-zweidimensionales Gebilde ist, dessen Abmessungen durch die Elektrochemie vorgegeben sind. Das heißt, Sie können sie zwar in der x-Richtung und in der y-Richtung skalieren, aber das Volumen nicht einfach mit dem Faktor drei multiplizieren. Stattdessen muss man mehrere solcher Zellen übereinander anordnen. Die Skalierung wird dadurch wesentlich komplizierter als bei Gasturbinen, denn es müssen neue Architekturen, neue Geometrien, neue Strömungskanäle für Wasserstoff, Sauerstoff und für das entstehende Wasser entworfen werden." Unklar sei darüber hinaus, so Thess, wie viel Kilowatt pro Kilogramm Eigengewicht so ein System leisten kann. Wenn es zu schwer wird, könne es „allenfalls stationär oder etwa in Lkws eingesetzt werden, aber nicht in Flugzeugen".

Das Design und die Verbindung von Hochleistungsbrennstoffzellen mit der für Wasserstoffantriebe unumgänglichen Kryotechnologie, also der Speicherung des Brennstoffs bei extrem niedrigen Temperaturen, ist das Forschungs- und Entwicklungsgebiet von Josef Kallo. Gemeinsam mit vier weiteren Wissenschaftlern des DLR hat er 2015 in Stuttgart das Unternehmen H_2Fly gegründet und seither mehrere Prototypen entwickelt, die mit Brennstoffzellen fliegen. Jüngstes Exemplar der zukunftsweisenden Maschinen ist die HY 4, die 2016 erstmals abhob. Inzwischen hat das Kleinflugzeug nahezu 100 Testflüge absolviert, etliche Höhen- und Streckenrekorde aufgestellt sowie umfangreiche Sicherheitstests bestanden. Nach Angaben des Unternehmens sei die Leistung der verwendeten Brennstoffzelle von derzeit 300 Kilowatt für ein sechssitziges Flugzeug bis auf drei Megawatt skalierbar. Bis 2030 sei das zu schaffen, sagt Kallo. Geplant sei dann, eine zweimotorige Maschine mit einer Kapazität von 60 Passagieren damit auszurüsten.

Hob erstmals 2016 ab: Die Hy4 des Stuttgarter Unternehmens H_2Fly. Unter Leitung des Unternehmens soll am Airport Stuttgart ein sogenanntes Hydrogen Aviation Center entstehen: ein zentraler Ort mit Forschungs- und Entwicklungsinfrastruktur für Unternehmen und wissenschaftliche Institute, der die Möglichkeit bietet, neue Konzepte im Bereich der emissionsfreien, wasserstoffelektrischen Luftfahrt zu erforschen, zu entwickeln und im Rahmen der Flughafenumgebung am Boden und in der Luft zu testen. (DLR)

Blick in den Motorraum der von einer Wasserstoff-Brennstoffzelle angetriebenen Hy4. (DLR)

Im Dezember 2022 hat H_2Fly die Leitung des sogenannten Heaven-Projekts übernommen. Die von mehreren europäischen Ländern und der EU finanzierte Initiative hat das Ziel, einen Antriebsstrang für wasserstoffelektrische Flugzeuge zu entwickeln, ihn in eine Maschine zu integrieren und anschließend im Flugbetrieb zu testen. Außerdem kooperiert das Unternehmen mit Deutsche Aircraft. Zweck des Bündnisses mit dem Flugzeughersteller ist die Entwicklung einer mit Brennstoffzellen angetriebenen Dornier 328: einem 40-sitzigen Regionalflugzeug, das eine Reichweite von 2.000 km haben soll. Für 2025 ist der Erstflug geplant. Danach werde es noch zwei, drei Jahre bis zur Serienreife dauern, meint Kallo. Generell halte er bei Flugzeugen mit Brennstoffzellenantrieb eine maximale Reichweite von 4.000 Kilometern für möglich; mit Wasserstoff-Gasturbinen seien Strecken bis 8.000 Kilometer denkbar.

Etwas weiter bei der Entwicklung ist Zeroavia. Im September 2020 absolvierte eine mit Brennstoffzellenantrieb ausgerüstete, sechssitzige Piper Malibu des britischen Unternehmens einen Testflug über 500 Kilometer. Schon für 2025 sei die Auslieferung neun- bis 19-sitziger, mit H_2-Brennstoffzellen umgerüsteter Maschinen für regionale Strecken geplant. Für 2026 peilt Zeroavia-Chef Val Miftakhov den Produktstart einer 40-sitzigen Propellermaschine mit demselben Antriebsstrang an, die Distanzen bis 1.500 Kilometer überwinden soll; vier Jahre später könnte ein Passagierjet mit bis zu 200 Sitzen und einer Reichweite von 3.700 Kilometern folgen. „Das Potenzial der Brennstoffzellen-Technik ist noch nicht ausgereizt“, sagt Miftakhov, „darauf bauen auch die großen Airlines bei ihren Net-Zero-Ambitionen.“ Gerade erst habe American Airlines, die weltgrößte Fluggesellschaft, die Absicht erklärt, „100 Antriebsstränge mit H_2-Brennstoffzellen bei uns zu ordern“, so der Firmenchef. Ab Ende der 2020er Jahre sollen sie in Regionaljets eingebaut werden und zum Einsatz kommen. Zuvor hatten bereits United Airlines und Air Alaska sowie Air France-KLM entsprechende Vereinbarungen mit Zeroavia getroffen; insgesamt lägen dem Unternehmen inzwischen knapp 1.000 Be-

Die Umrüstung von existierenden Maschinen mit Wasserstoff-Brennstoffzellen liegt im Fokus von Zeroavia. Etliche große Airlines haben bei dem britischen Unternehmen bereits Bestellungen abgegeben beziehungsweise Interesse an einer Zusammenarbeit bekundet. (Zeroavia)

Auch die US-Fluggesellschaft Alaska Air zählt bereits zu den Kunden von Zeroavia. Im Bild zu sehen: eine mit Brennstoffzellentechnik ausgestattete De Havilland DHC-8-400, die Platz für 76 Passagiere bietet und von einem Zwei-Megawatt-Aggregat angetrieben wird. (Zeroavia)

stellungen beziehungsweise Reservierungen vor. Ab 2023 wolle man erstmals Testflüge mit einer umgebauten, 19-sitzigen Dornier 228 durchführen, die mit einem 600-Kilowatt-Antriebsstrang ausgerüstet ist und voriges Jahr mehrere Versuchsreihen am Boden abgeschlossen hat. Gemeinsam mit DeHavilland Canada entwickeln die Briten zudem eine Brennstoffzellen-Version der Dash 8-400, einer der erfolgreichsten Turbopropmaschinen der zivilen Luftfahrt. Ab 2027 soll sie im Linienverkehr auf Strecken bis 2.000 Kilometern fliegen und 76 Passagiere transportieren können. „Anstatt völlig neue Flugzeugtypen zu konstruieren, konzentrieren wir uns auf die Umrüstung existierender, langjährig erprobter Maschinen", so der Zeroavia-Chef. „Dadurch sparen wir viel Zeit bei der flugtechnischen Zulassung durch die Behörden." Ein zusätzlicher Vorteil: Airlines können durch dieses sogenannte Retrofitting ihre Flotten peu à peu auf Nachhaltigkeit trimmen, ohne sofort neue Maschinen kaufen oder leasen zu müssen.

So vielversprechend sich die Pläne anhören, so beeindruckend die Leistung des Brennstoffzellen-Antriebsstrangs klingt – wie alle anderen Hersteller von H_2-Aggregaten muss Zeroavia eine Lösung für die Bereithaltung des Treibstoffs an Bord der Flugzeuge finden. Herkömmliche Tanks in den Tragflächen scheiden aus, da flüssiger Wasserstoff tiefgekühlt und komprimiert in zylindrischen Behältern gelagert werden muss. „Als Notbehelf nutzen wir für die Testflüge nicht LH_2, sondern CGH_2", so Miftakhov, also gasförmigen Wasserstoff. Erst in der zweiten Hälfte des Jahrzehnts rechne er mit geeigneten Tanks für LH_2. Dass es so lang dauert, liege daran, dass erst das passende Material für die Tanks entwickelt, produziert und erprobt werden muss. Mögliche Kandidaten seien Komposit-Plastikwerkstoffe, die in der Raumfahrt genutzt werden. Ob die für den Dauereinsatz taugen, werde gerade erst erforscht. „Typische Regionaljets kommen im Schnitt auf 50.000 Starts und Landungen, bevor sie ausgemustert werden", erläutert Miftakhov, „für diese Nutzungsdauer gibt es bisher keine Daten aus der Raumfahrtindustrie." Jüngste Forschungen des DLR und des Fraunhofer-Instituts IPT in Aachen hätten aber jüngst ergeben, dass bestimmte Polymer-Verbundstoffe, ummantelt mit Carbon-Fasern, womöglich als Tanks geeignet wären. Belastbare Praxisergebnisse gibt es bislang nicht. „Bis 2027 können wir noch warten", sagt der Zeroavia-Chef, „dann brauchen wir die Tanks aber unbedingt, weil wir die für die geplanten Zwei-Megawatt-Antriebsstränge benötigten Wasserstoff-Mengen nicht mehr gasförmig in Druckbehältern unterbringen können. Die Tanks wären einfach zu voluminös."

Der brasilianische Hersteller Embrear hat sich ebenfalls große Ziele gesteckt. Ab 2035 will er die Modellreihe Energia um zwei Typen mit Wasserstoff-Brennstoffzellen erweitern: die 19-sitzige E19 H_2FC und die E30 H_2FC, in der 30 Passagiere Platz finden. Die Triebwerke der für Regional- und Kurzstrecken bis 500 Kilometer ausgelegten Maschinen sind am Heck angeordnet, um Luftverwirbelungen zu minimieren; die Tragflächen werden gegenüber den bereits existierenden Typen der Baureihe leicht modifiziert, da sie keine Kerosintanks mehr enthalten. 2040 beabsichtigt das Unternehmen zudem, die 50-sitzige E50-H2GT mit Wasserstoff-Gasturbine auf den Markt zu bringen. Zu den ersten Interessenten der im Dezember 2022 angekündigten Modelle zählt die norwegische Widerøe Air.

Dagegen ist Airbus-Erzrivale Boeing in Sachen Wasserstoff eher skeptisch und hat bislang keine Konzepte für LH_2-Maschinen vorgestellt, obgleich das US-Unternehmen 2011 bereits Testflüge mit Kleinflugzeugen durchgeführt hatte, bei denen flüssiger Wasserstoff als Treibstoff fungierte. Nachhaltigkeitschef Chris Raymond und Boeing-Boss David Calhoun sind der Ansicht, dass „Wasserstoff noch nicht die richtige Lösung für emissionsarmes Fliegen" sei. Raymond: „LH_2-Flugzeuge brauchen ausgereifte Kühl- und Tanksysteme,

In Sachen Wasserstoff fliegt der US-Hersteller Boeing sozusagen auf Sparflamme. Stattdessen konzentriert sich das Unternehmen auf die Entwicklung und Produktion von Flugzeugen, die zu 100 Prozent SAF-fähig sind. Im Bild: eine Frachtmaschine von FedEx, die im vorigen Jahr erfolgreich einen Testflug mit reinem SAF absolviert hat. (Boeing)

die momentan nicht verfügbar sind. Aufgrund der geringen volumetrischen Energieausbeute des Gases würde die erste Generation von H_2-Flugzeugen zudem mehr Treibstoff als Passagiere befördern."

Auf der Farnborough-Flugschau im Juli 2022 wurde Raymond konkreter: „Gemeinsam mit führenden Universitäten haben wir das Cascade-System aufgebaut. Mit diesem Data-Modeling-Tool können wir die Vor- und Nachteile ausgewählter künftiger Flugzeugtypen und -antriebe theoretisch vorausberechnen, um marktgerechte Entwicklungen vorzunehmen." Cascade umfasse unter anderem Daten und Berechnungsmodelle zur künftigen Verfügbarkeit von SAF, LH_2, Brennstoffzellen und Batterien. Das Tool gebe zudem Aufschluss darüber, wie die Flotten bestehender oder potenzieller Boeing-Kunden am besten in punkto Nachhaltigkeit erneuert beziehungsweise ausgebaut werden können.

„Wir verfolgen bei der Umstellung auf Net Zero einen ganzheitlichen Ansatz und agieren nicht punktuell“, erläutert Raymond. Klar sei, dass „SAF für die Mittel- und Langstrecke sowie Elektroflugzeuge für kürzere Routen zurzeit die beste Wahl“ seien. Das zeigten erste Resultate der Testflüge mit dem sogenannten Ecodemonstrator, einer umgebauten Boeing 777-200. Parallel arbeite das Unternehmen gleichwohl an der Hardware für LH_2-Maschinen. „Gemeinsam mit der NASA haben wir 2021 einen Kryotank für Regionaljets gebaut und erfolgreich getestet. Bis zur Marktreife werden jedoch noch ein paar Jahre vergehen“, so der Boeing-Nachhaltigkeitschef.

Triebwerkhersteller Rolls-Royce hat sich auf die Weiterentwicklung konventioneller Gasturbinen konzentriert. Im Dezember 2022 stellte das Unter-

Der britische Triebwerkshersteller Rolls-Royce präsentierte im Dezember 2022 erstmals eine Gasturbine für die Verbrennung von Wasserstoff. Bis zur Serienproduktion werden allerdings noch ein paar Jahre vergehen, teilte das Unternehmen mit. (Rolls-Royce)

nehmen eine modifizierte Turbine vor, die für die Verbrennung von Wasserstoff ausgelegt ist. Beim ersten Testlauf der umgebauten AE 2100A, deren herkömmliche Version etwa in der Saab 2000 genutzt wird, setzten die Briten grünen Wasserstoff ein, erzeugt mit Energie aus Wind- und Wasserkraft auf den Orkney-Inseln. Gemeinsam mit der Fluggesellschaft Easyjet hat das Unternehmen knapp zwei Jahre an dem Umbau gearbeitet. Dereinst könnten solche Turbinen in Kurz- und Mittelstreckenpassagierjets zum Einsatz kommen, glaubt Easyjet-Manager David Morgan. Doch von einem Durchbruch will vorerst keiner der Beteiligten reden, denn das Triebwerk lief bislang nur mit sehr geringer Leistung. „Wir stehen bei der Entwicklung ganz am Anfang", sagt Alan Newby, verantwortlicher Ingenieur bei Rolls-Royce. „Mit dem Test haben wir lediglich bewiesen, dass herkömmliche Gasturbinen Wasserstoff anstelle von Kerosin verbrennen können." Bis zur Serienproduktion des Triebwerks würden ein paar Jahre vergehen, weil viele technische Fragen noch unbeantwortet seien.

Zurzeit tüfteln die Rolls-Royce-Ingenieure daran, wie der für LH_2 erforderliche Tieftemperaturtank am besten im Flugzeugrumpf untergebracht werden kann. Dessen Größe stellt für die Konstrukteure eine Herausforderung dar: Für dieselbe Reisestrecke muss rund viermal so viel Treibstoff in der Maschine untergebracht werden wie bei Flugzeugen, die mit Kerosin fliegen, da der volumetrische Energiegehalt von LH_2 deutlich niedriger ist. „Zudem wissen wir noch nicht, wie der Wasserstoff aus dem Tank zu den Turbinen gelangt", lässt Newby durchblicken. Das herkömmliche Leitungssystem sei dafür nicht geeignet, weil Wasserstoff viel reaktionsfähiger ist als Kerosin und die Leitungen chemisch angreifen kann.

Wettbewerber MTU Aero Engines in München verfolgt bei der Evolution seiner Triebwerke bis zum Jahr 2050 ein Drei-Stufen-Modell: Im ersten Schritt bis 2035 setzt der Hersteller auf die von Pratt & Whitney weiterentwickelten GTF-Turbinen, die rund zehn Prozent weniger Kraftstoff verbrauchen sollen als die Vorversion. Der CO_2-Ausstoß verringere sich entsprechend. Ab 2035 wolle das Unternehmen neue Turbofan-Modelle produzieren, als Versionen für SAF und LH_2. Damit seien Emissionsminderungen bis 65 Prozent möglich. Durch sogenannte Water-enhanced-Turbofans sollen mit diesen Aggregaten sogar bis zu 80 Prozent weniger CO_2-Emissionen erreichbar sein. Parallel dazu arbeitet MTU an einer Wasserstoff-Brennstoffzelle, deren Design gemeinsam mit dem DLR entwickelt wird.

Weil heutige Maschinen für den Betrieb mit Kerosin ausgelegt sind, führt der Umstieg auf Wasserstoff nach Meinung vieler Experten zwangsläufig zur Konstruktion neuer Flugzeugtypen (→ Kapitel 6). Die Verfasser des Reports „Target True Zero" der University of Cambridge raten sogar vehement davon ab, existierende Maschinen für die Wasserstoffnutzung umzubauen. Das sei „unwirtschaftlich, da der Tankeinbau – je nach Bestuhlung – zwischen zehn und zwölf Sitzreihen beansprucht. Es sei ferner unumgänglich, das Design den neuen Gegebenheiten anzupassen, damit die Betriebskosten pro Passagierkilometer nicht überproportional steigen", so der Tenor des Reports. Die Cambridge-Forscher gehen aber zugleich davon aus, dass sich „der Treibstoffverbrauch in den kommenden zehn bis 15 Jahren durch Effizienzsteigerungen der Gasturbinen um 20 bis 25 Prozent verringern" ließe. Hinzu komme, dass sich „aufgrund des niedrigen spezifischen Gewichts von Wasserstoff im Vergleich mit Kerosin die Reichweiten der mit LH_2 angetriebenen Maschinen vermutlich signifikant vergrößern lassen", sodass Wasserstoff mittelfristig auch als Energieträger für Langstreckenflüge nutzbar sein könnte.

Nicht ganz so optimistisch bei der Reichweite ist dagegen das International Council on Clean Transportation (ICCT): Laut einer aktuellen ICCT-Studie könnten LH_2-motorisierte Turboprop-Maschinen wohl auf eine Reichweite von 1.400 Kilometer kommen und jene mit Gasturbinen allenfalls bis zu 3.400 Kilometer weit fliegen. Mehr sei nicht drin, „da das Volumen der Wasserstoff-Tanks nicht beliebig vergrößert werden kann, ohne zu Lasten der Wirtschaftlichkeit der Airlines zu gehen", schreibt Jayant Mukhopadhaya, einer der Studienautoren.

Dass bei Gasturbinen, die Wasserstoff verbrennen, noch viel Forschungs- und Entwicklungsarbeit zu leisten sei, betont auch Markus Fischer, Bereichsvorstand Luftfahrt beim DLR: „Wir müssen zunächst die sichere und schadstoffarme Verbrennung des Gases in eigens dafür entwickelten Brennern untersuchen. Dazu brauchen wir spezielle Prüfstände, auch höhentaugliche Triebswerksprüfstände, um die gesamte Kette von atmosphärischen Tests unter realistischen Temperatur- und Druckbedingungen abbilden zu können." Nur so sei es möglich, technische Defizite zu erkennen und Risiken für spätere Flugversuche im Vorfeld zu verringern. Sollten diese Tests erfolgreich verlaufen, könnten „bis 2040 erste wasserstofffähige Antriebe für Mittelstreckenflugzeuge entwickelt werden", prognostiziert er. Bereits für 2030 rechnet Fischer damit, dass Hersteller und Forschungsinstitute Konzepte für die si-

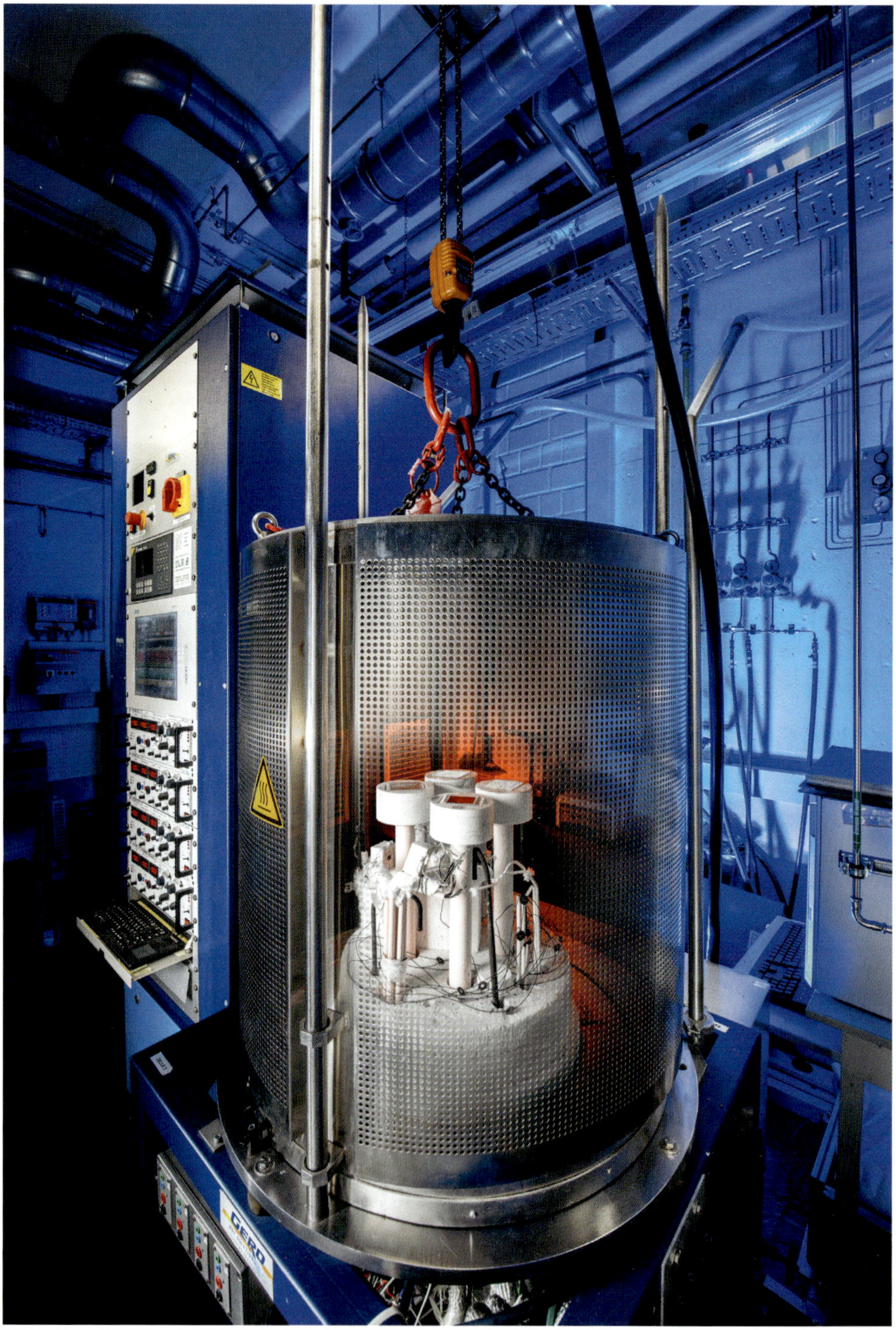

chere Speicherung von Wasserstoff in Verkehrsflugzeugen entwickelt haben werden. Darüber hinaus sei es erforderlich, die Auswirkungen der Wasserdampf-Korrosion zu erforschen und in den Griff zu bekommen. Noch sei nämlich ungeklärt, „wie die großen Mengen an heißem Wasserdampf, die bei der Verbrennung des Gases entstehen, auf die Leitungen und anderen Systeme der Flugzeuge wirken".

Gegenstand aktueller Forschungen sei ferner, auf welche Weise der Ausstoß von Stickoxiden bei Wasserstoff-Turbinen gesenkt werden kann. „Die sogenannten Net-Zero-Strategien sind nur dann umsetzbar", sagt der DLR-Manager, „wenn es gelingt, sowohl NOx als auch die Bildung von Kondensstreifen auf ein Minimum zu reduzieren." Daher beteiligt sich das DLR seit 2022 an einem Testflugprogramm der Airbus-Tochter Up Next, bei dem erstmals Kondensstreifen eines CO_2-freien Fluges mit Wasserstoffantrieb untersucht werden **(→ Exkurs: Kondensstreifen)**. Ein Forschungsteam von Bauhaus Luftfahrt hatte bereits 2020 eine Bewertung einer Kombination aus Brennstoffzellen- und Gasturbinenantrieb vorgenommen, um herauszufinden, ob sich die NO_x-Emissionen womöglich reduzieren lassen. Das Hybridkonzept nutzte den von einer Brennstoffzelle erzeugten Wassermassenstrom, um den Wirkungsgrad, die Leistung und die NO_x-Emissionen der Gasturbine durch Dampfeinspritzung in der Brennkammer zu verbessern. In der Designstudie wurden im Labormaßstab erfolgreich getestete Brennstoffzellen mit modernen Gasturbinen kombiniert. Ein optimales Design des Hybridsystems bewirkte demnach eine Verringerung des Stickoxid-Ausstoßes im Reiseflug um rund 60 Prozent. Ferner wurden Treibstoffeinsparungen von etwa sieben Prozent erzielt.

Apropos Treibstoff: Seit Oktober 2022 betreibt das DLR in Hamburg mit Lufthansa Technik, der Flughafengesellschaft und finanziell gefördert von der Hansestadt das sogenannte Hydrogen Aviation Lab. Auf Basis eines ausgemusterten Airbus A320 wird dort gerade das Betanken von Flugzeugen mit LH_2 untersucht: Beim heutigen Stand der Technik würde der Tankvorgang für einen Langstreckenflug mehrere Stunden dauern, was angesichts der eng getakteten Betriebsabläufe in der Airline-Branche nicht praktikabel wäre. Pa-

Am DLR-Institut für technische Thermodynamik in Stuttgart befindet sich einer der ausgefeiltesten Brennstoffzellen-Teststände. Die dort gewonnenen Erkenntnisse fließen direkt in die komplexe Entwicklung von Wasserstoff-Antriebssträngen ein (DLR)

Exkurs:
Wasserstoff aus dem Erdboden

Ein Dorf im westafrikanischen Mali steht Modell für ein klimaneutrales Verfahren, mit dem molekularer Wasserstoff aus natürlichen Vorkommen gewonnen werden kann. Beim Bohren nach Wasser stießen die Bewohner von Bourakebougou auf ein unterirdisches Wasserstoffdepot. Das Gas habe sich dort durch eine chemische Reaktion von eisenreichem Gestein mit dem Grundwasser gebildet, so die Erkenntnisse eines französischen Forschungsteams, das das ungewöhnliche Phänomen 2018 eingehend untersucht hatte. Auf Basis dieser Untersuchungen entwickelt das Team zurzeit eine Methode, mit der es möglich wäre, die Reaktion auch andernorts in eisenhaltigem Gestein, das fast überall auf der Erde vorkommt, in Gang zu setzen und dadurch CO_2-neutral produzierten Wasserstoff zu gewinnen: Dabei wird Wasser in den Boden gepumpt, sodass das Eisenoxid im Gestein damit reagieren kann. Das entstehende Gas kann mit Bohrungen in der Nähe aufgefangen werden.

Wie viel Wasserstoff auf diese Weise weltweit erschließbar wäre, ist bislang unerforscht. Da die Reaktion zwischen Eisen und Wasser aber kontinuierlich abläuft, könnte die Methode für die Versorgung mit klimaneutralem Wasserstoff künftig sehr bedeutsam werden. Derzeit wird die Wirtschaftlichkeit des Verfahrens im Projekt Hyafrica von der EU und der Afrikanischen Union untersucht.

Als 2018 im westafrikanischen Mali natürliche Wasserstoff-Vorkommen im Erdboden entdeckt wurden, brach ein regelrechter Boom aus. Seither suchen diverse Forschungsteams nach weiteren kostengünstigen Quellen des kostbaren Treibstoffs. (Envirolex)

rallel zur Forschung mit der echten Maschine steht den Wissenschaftlerinnen und Wissenschaftlern überdies ein digitaler Zwilling des Flugzeugs zur Verfügung. So können sie mithilfe komplexer Simulationen neue Methoden der sogenannten Predictive Maintenance – der vorausschauenden Instand-

Im Hydrogen Aviation Lab in Hamburg wird seit Oktober 2022 auf Basis eines ausgemusterten Airbus A320 unter anderem das Betanken von Verkehrsflugzeugen mit flüssigem Wasserstoff erprobt. (DLR)

haltung – für die Systeme kommender Flugzeuggenerationen entwickeln und erproben. Anhand ausgefeilter Datenanalysen lassen sich Ausfälle der Wasserstoffkomponenten und -systeme vorhersagen, sodass bestenfalls ein vorsorglicher Austausch erfolgen kann, bevor der Ausfall den Betrieb des Flugzeugs beeinträchtigen würde.

Ab wann beziehungsweise ob überhaupt jemals genügend grüner Wasserstoff verfügbar sein wird, um den Treibstoffbedarf der Luftfahrtbranche zu decken, ist derweil unklar. Notfalls müsse man beim Umstieg vorerst „auf blauen Wasserstoff zurückgreifen, bei dessen Herstellung zwar CO_2 anfällt, das aber nicht in die Atmosphäre gelangt, sondern im Erdboden gespeichert wird“, meint etwa Rolls-Royce-Ingenieur Newby. Auch die von der Bundesregierung ausgearbeitete Nationale Wasserstoffstrategie (NWS) nennt die Nutzung blauen Wasserstoffs als Option: Wegen der „engen Einbindung von Deutschland in die europäische Energieversorgung“ könne er „übergangsweise genutzt werden“. Auf EU-Ebene wären ebenfalls kurzfristig „andere Arten CO_2-armen Wasserstoffs vorstellbar“. Dazu zählt die EU explizit auch blauen Wasserstoff, bei dem „die Treibhausgasemissionen über den gesam-

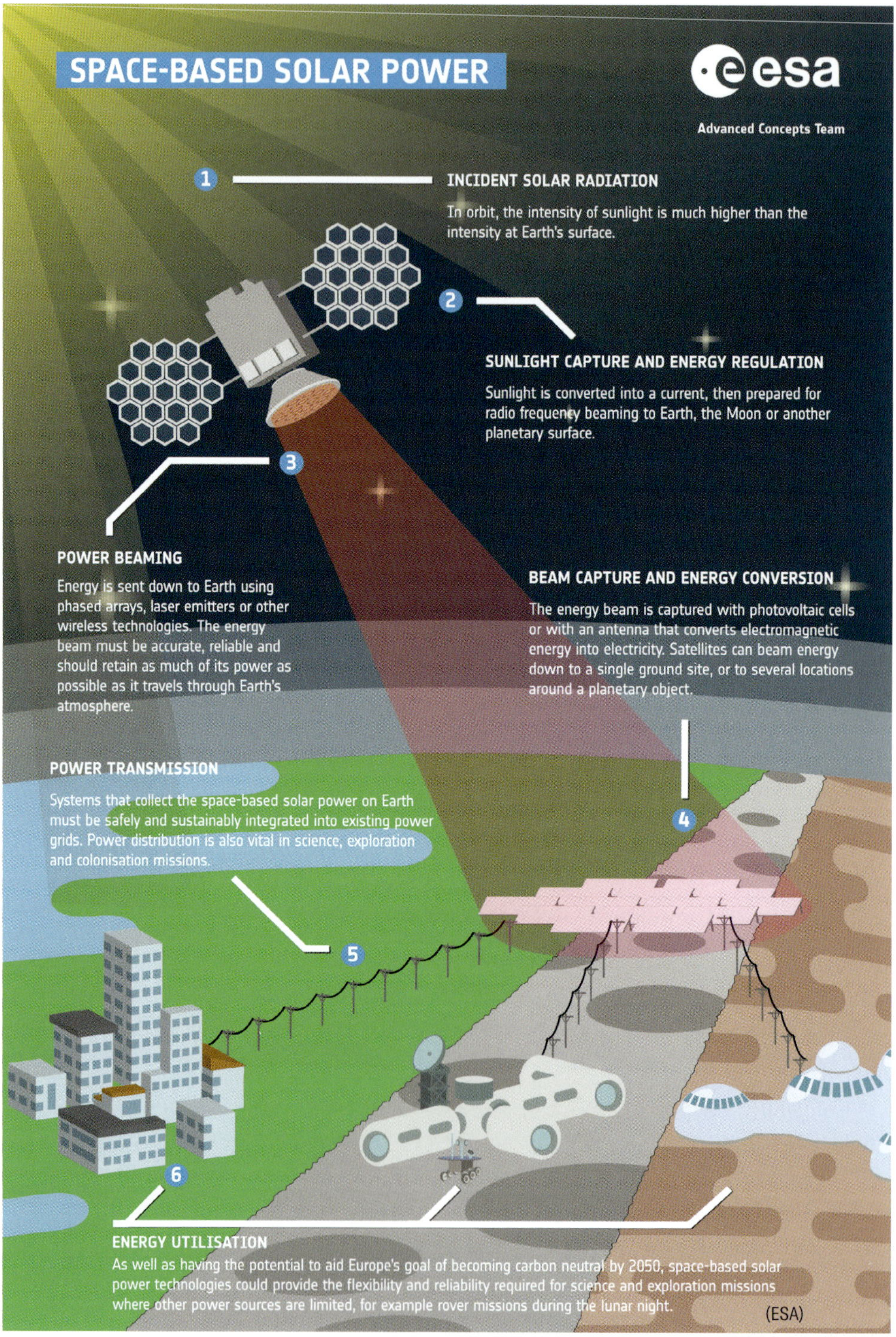
SPACE-BASED SOLAR POWER
esa
Advanced Concepts Team
1 INCIDENT SOLAR RADIATION
In orbit, the intensity of sunlight is much higher than the intensity at Earth's surface.
2 SUNLIGHT CAPTURE AND ENERGY REGULATION
Sunlight is converted into a current, then prepared for radio frequency beaming to Earth, the Moon or another planetary surface.
3 POWER BEAMING
Energy is sent down to Earth using phased arrays, laser emitters or other wireless technologies. The energy beam must be accurate, reliable and should retain as much of its power as possible as it travels through Earth's atmosphere.
4 BEAM CAPTURE AND ENERGY CONVERSION
The energy beam is captured with photovoltaic cells or with an antenna that converts electromagnetic energy into electricity. Satellites can beam energy down to a single ground site, or to several locations around a planetary object.
5 POWER TRANSMISSION
Systems that collect the space-based solar power on Earth must be safely and sustainably integrated into existing power grids. Power distribution is also vital in science, exploration and colonisation missions.
6 ENERGY UTILISATION
As well as having the potential to aid Europe's goal of becoming carbon neutral by 2050, space-based solar power technologies could provide the flexibility and reliability required for science and exploration missions where other power sources are limited, for example rover missions during the lunar night.
(ESA)

ten Lebenszyklus erheblich geringer sind als bei der derzeitigen Wasserstofferzeugung". Dagegen sprechen jedoch die Ergebnisse einer Untersuchung der Cornell University aus dem Jahr 2021: Demnach ist das aus fossilen Quellen unter CO_2-Abscheidung gewonnene Gas womöglich umweltschädlicher als das bei der Kerosinverbrennung emittierte Kohlendioxid selbst, weil bei dem Produktionsverfahren große Mengen Methan (CH_4) entstehen. Nur wenn dieses Treibhausgas nicht in die Atmosphäre gelangt, sondern beispielsweise von der Chemieindustrie weiterverarbeitet wird, wäre blauer Wasserstoff unter Klimaschutzaspekten bedingt nutzbar. Alternativ wären die Entwicklung und industrielle Umsetzung eines geradezu revolutionären Verfahrens denkbar: die Gewinnung von reinem Wasserstoff aus Eisenerz in tiefen Gesteinsschichten. Dieser sogenannte orange Wasserstoff wurde erst jüngst im westafrikanischen Mali entdeckt. (→ Exkurs: Wasserstoff aus dem Erdboden)

Trotz vieler offener Fragen, die mit seiner Nutzung verbunden sind, und trotz des langwierigen Tauziehens aufseiten der Politik hat grüner Wasserstoff in der Branche inzwischen fast den Status des Heiligen Grals erlangt. Fast alle großen Airlines sowie Flugzeug- und Triebwerkhersteller sehen im Wasserstoffantrieb – sei es mit Turbine oder Brennstoffzelle – die Zukunft des Passagier- und Frachtverkehrs, zumindest bis zur Mittelstrecke (→ Kapitel 2). Dabei wird bisweilen ausgeblendet, dass die Umstellung des Luftverkehrs auf nachhaltige Antriebe aus einem ganz trivialen Grund scheitern könnte: Es gibt nicht genügend Strom aus erneuerbaren Quellen, um die energieintensive Produktion von grünem Wasserstoff und synthetischen Kraftstoffen sicher-

Exkurs:
Solaris – Strom aus dem All

Die Wasserstoff-Wirtschaft kann nur funktionieren, wenn genügend grüner Strom verfügbar ist. Die beste, da nahezu unerschöpfliche Quelle liegt indes nicht auf der Erde, sondern im All: die Sonne. Forschende der Europäischen Raumfahrtagentur (ESA) wollen sie nun anzapfen.

Beim Projekt Solaris (siehe Grafik links) fangen Kollektoren im erdnahen Orbit Sonnenstrahlen ein und wandeln das Licht in Mikrowellen um. Die strömen in einem gebündelten Strahl zu Receivern auf der Erde, wo sie in elektrische Energie transformiert werden, die ins Stromnetz eingespeist wird. Geplanter Start: nicht vor 2050.

zustellen. Laut Angaben der International Renewable Energy Agency (IRENA) würde die Umstellung der Verkehrsluftfahrt auf regenerative Energien allein rund 60 Prozent des derzeit verfügbaren grünen Stroms verbrauchen. Analysten warnen daher vor einem drohenden Verteilungskampf.

In Großbritannien etwa, argwöhnt Matt Finch, Landesvorstand der Umweltschutzorganisation Transport and Environment (T&E), sei mit einer jahrzehntelangen Rationierung von grünem Wasserstoff zu rechnen, denn der aktuelle Wasserstoff-Hype habe dazu geführt, dass „viele Industrien und Branchen das Gas als Segensbringer sehen, um ihre Net-Zero-Ziele erreichen zu können". Der Wettbewerb um die Ressource verschärfe sich zusehends. Man müsse zudem davon ausgehen, sagt Finch, dass „die Luftfahrt vonseiten der Regierung nicht unbedingt als priorisierter Nutzer eingestuft wird". Für DLR-Vorstandsmitglied Karsten Lemmer liegt ohnehin auf der Hand, dass „wir es nicht schaffen werden, die für die hiesige Energiewirtschaft, Industrie und Mobilität nötige Menge an grünem Wasserstoff mithilfe erneuerbarer Ressourcen allein in Deutschland zu erzeugen". Eine großskalige Wasserstoffproduktion in sonnen- und windreichen Ländern sei zwingend nötig – ebenso wie eine globale Logistik, die das Gas in alle Ecken der Welt bringen kann.

Um welche Energiebeträge und H_2-Mengen es allein in der Luftfahrt geht – ganz gleich, ob der Wasserstoff direkt als Treibstoff oder für die Herstellung von SAF dient –, verdeutlicht eine Berechnung des Thinktanks Bauhaus Luftfahrt: Für die elektrolytische Produktion einer Menge grünen Wasserstoffs, deren Energiegehalt dem von rund 138.000 Litern Kerosin eines vollgetankten Airbus A350-900 entspricht, müssen sich die Rotoren von 52 großen Windkraftturbinen mit je 4,6 Megawatt Leistung einen Tag lang drehen – vorausgesetzt, der Wind weht überhaupt. Und in diesem Vergleich ist der schwache Wirkungsgrad des Produktionsverfahrens von grünem Wasserstoff noch gar nicht berücksichtigt. Laut der Studie „Making Net-Zero Aviation Possible" bleiben am Ende des Verfahrens zur Gewinnung von LH_2 nur rund 65 Prozent des eingesetzten Energiegehalts übrig; mehr als ein Drittel geht bei der Elektrolyse sowie durch Transport und Lagerung des tiefgekühlten Treibstoffs verloren. Hinzu kommt: Um bei Reichweite und Gewicht dieselbe Leistung wie bei mit Kerosin angetriebenen Aggregaten zu produzieren, müssen Wasserstoffturbinen viel mehr Kraftstoff verbrennen.

Klar ist dennoch: Die Produktion erneuerbarer Energien und CO_2-neutraler Treibstoffe muss massiv ausgebaut werden, um der Erderwärmung Einhalt zu gebieten. Bis 2030, so sieht es die NWS vor, soll die installierte Elektrolyseleistung hierzulande von aktuell etwa 0,2 Gigawatt auf zehn Gigawatt erhöht werden; die EU plant im gleichen Zeitraum eine Ausweitung auf insgesamt 40 Gigawatt. Wie das funktionieren kann, wird derzeit an vielen wissenschaftlichen Instituten erforscht, unter anderem am Zentrum für Sonnenenergie- und Wasserstoff-Forschung (ZSW) in Ulm. Dort nahm im August vorigen Jahres eine neuartige Elektrolyseanlage zur Produktion von grünem Wasserstoff den Betrieb auf. Zurzeit produziert sie pro Stunde 20 Kilogramm grünen Wasserstoff, also rund 170 Tonnen pro Jahr, und ist laut ZSW-Angaben zudem gut skalierbar. 2024 soll der Elektrolyseur an das baden-württembergische Projekt H_2-Genesis angeschlossen werden und das Gas in eine Pipeline im Großraum Stuttgart einspeisen. Einer von vielen Tausenden Mosaiksteinen der künftigen H_2-Infrastruktur in Deutschland. ZSW-Vorstand Markus Hölzle plädiert gleichwohl dafür, die Wasserstoffproduktion grundsätzlich ins Ausland zu verlagern, dorthin wo Sonne und Wind reichlich und ständig vorhanden sind. Denn in Regionen wie Nordafrika, dem Nahen Osten oder der Arabischen Halbinsel sei Solarstrom für die Herstellung von Wasserstoff „konkurrenzlos günstig zu erhalten". Ziel müsse es daher sein, die Energie dort in Form von Wasserstoff zu speichern, der dann per Pipeline beziehungsweise Tanker in alle Weltregionen transportiert würde. Insofern sei Wasserstoff quasi das „Rohöl der Zukunft" – freilich mit dem Unterschied, dass er nicht aus fossilen Quellen stammt.

In den von Hölzle und anderen Befürwortern der MENA-Lösung zur H_2-Produktion genannten Regionen gibt es zwar genügend Sonne, zugleich aber wenig Wasser – ein Problem, das mit der zunehmenden Erderwärmung noch gravierender wird. Um den mittels Photovoltaik erzeugten Solarstrom für die Produktion von Wasserstoff nutzen zu können, müsste man Wasser gegebenenfalls direkt aus der Luft extrahieren. Genau das ist chinesischen Forschern 2022 gelungen: Sie konnten bei einer Luftfeuchtigkeit von nur vier Prozent Wasser aus der Umgebungsluft elektrolytisch aufspalten. Welche Mengen an Wasserstoff so aus der Atmosphäre gewonnen werden können, ist noch nicht erforscht. Für den – laut einer Studie des International Council on Clean Transportation (ICCT) nicht abwegigen – Fall, dass die Energie aus herkömmlichen Solaranlagen (und Windkraftanlagen, wo sie sinnvoll sind) nicht ausreicht, um in Zukunft genügend Wasserstoff für Industrie, Verkehr und andere Branchen bereitzustellen, wollen Wissenschaftler in ein paar Jahrzehn-

Exkurs

Ist Ammoniak als Treibstoff für den Luftverkehr geeignet?

Auf der Suche nach dem klimaneutralen Flugzeugtreibstoff der Zukunft wird zurzeit jeder Stein umgedreht, jede Möglichkeit geprüft. So auch die Verbrennung von Ammoniak, einer Substanz, die bislang vor allem für die Herstellung von Düngemitteln oder Sprengstoff genutzt wird. In Reinform hat die leicht herstellbare Chemikalie jedoch gute Chancen, Kerosin zu ersetzen. Anders als Wasserstoff wird Ammoniak (NH_3) bereits bei minus 33° Celsius flüssig, kann also wesentlich energiesparender in Treibstofftanks transportiert und gelagert werden. Mit mehr als 15 Megajoule pro Liter ist auch seine Energiedichte deutlich höher als die von flüssigem Wasserstoff (10 MJ/l). Hinzu kommt, dass Ammoniak nicht entflammbar oder explosionsgefährdet ist.

Allerdings ist NH_3 beim Handling nicht unkritisch: Die Dämpfe der Substanz sind ätzend und greifen Atemwege sowie Augen an. Hohe Konzentrationen in der Atemluft können zudem Lungenschäden hervorrufen. Daher müssten für das technische Personal an Flughäfen, das mit der Chemikalie in Kontakt kommt, hohe Sicherheitsstandards gelten, falls Flugzeuge künftig mit Ammoniak betankt werden sollten. Bei der Verbrennung von Ammoniak in Gasturbinen entstehen neben Wasserdampf auch Stickoxide (NO_x). Deren Anteil lässt sich beim Einsatz des Treibstoffs in Brennstoffzellen womöglich stark reduzieren. Die Forschung auf diesem Gebiet steht noch am Anfang.

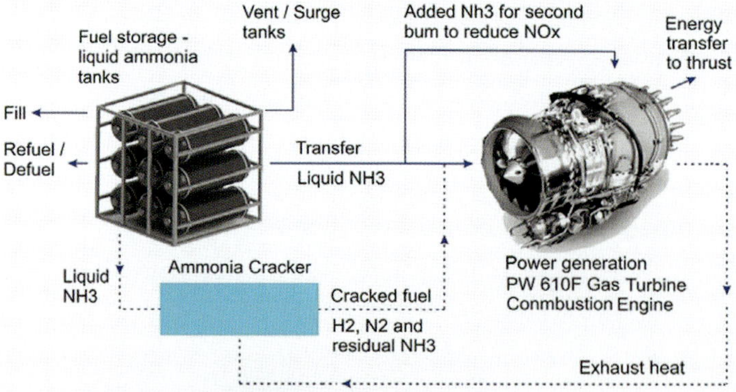

So stellen sich die australischen Flugzeugbauer von Aviation H_2 das Funktionsprinzip eines mit flüssigem Ammoniak betriebenen Verbrennungsmotors vor. Künftig soll das Aggregat in Verkehrsmaschinen mit bis zu 19 Passagieren genutzt werden. (Aviation H2)

Zwei Wissenschaftler von Aviation H2 begutachten einen mit flüssigem Ammoniak angetriebenen Prototyp auf Basis einer Falcon 50. Das Unternehmen will 2023 erste Testflüge mit der Maschine durchführen. (Aviation H2)

ten sogar Solar-Panels im Weltall stationieren und die Strahlung von dort in Form von Mikrowellen zur Erde beamen, wo sie dann in Elektrizität umgewandelt wird (→ Exkurs: Solaris – Strom aus dem All).

Einen gänzlich anderen Weg schlägt der Triebwerkhersteller Aviation H_2 ein. Das in Queensland, Australien, ansässige Unternehmen baut Gasturbinen um und verbrennt darin flüssigen Ammoniak (NH_3). Die in rauen Mengen verfügbare Industriechemikalie sei „als Treibstoff aufgrund ihrer physikalischen Eigenschaften besser für den Luftverkehr geeignet als Wasserstoff", sagt Aviation-H_2-Chef Christof Mayer. „Allenfalls minimale Umbauten an Triebwerk, Tank und Motorsteuerung sind nötig, um Flugzeuge mit Ammoniak nahezu vollständig klimaneutral fliegen zu lassen." Herkömmliche Triebwerke könnten nach dem Umbau den gleichen Schub erzeugen wie mit Kerosin. Um sie optimal zu betreiben, müsse ein Teil des Treibstoffs in Wasserstoff und Stickstoff aufgespalten werden; beide Gase würden zusätzlich zum Ammoniak in die Brennkammer geleitet. Die Energie für die thermische Aufspaltung stamme aus der Abwärme des Triebwerks, erläutert Mayer. „Neben Wasser entstehen geringe Mengen NO_x bei der Verbrennung in der Turbine." Mit geeigneten Katalysatoren, die gerade erprobt werden, könne man diese klimaschädlichen Stickoxide im Abgasstrahl auffangen (→ Exkurs: Ammoniak als Treibstoff – besser als Wasserstoff?).

Einmal angenommen, die technischen Probleme bei der Produktion von grünem Wasserstoff und den damit betriebenen Maschinen würden in naher Zukunft gelöst, bliebe zu klären, wie der Treibstoff zum und ins Flugzeug kommt. Die sich daraus ergebenden Aufgaben sind anspruchsvoll, denn anders als bei flüssigen Treibstoffen wie Kerosin – oder künftig SAF – gibt es an Flughäfen bislang keine Infrastruktur für die Nutzung von gasförmigem oder tiefgekühltem Wasserstoff. Auch für den Transport des Treibstoffs über große Distanzen existieren laut einer 2022 veröffentlichten Studie der Aviation Initiative for Renewable Energy in Germany (AIREG) noch keine ausreichend erprobten Wege. Ob sich etwa das vorhandene Erdgas-Pipelinenetz, das in der Nationalen Wasserstoffstrategie (NWS) der Bundesregierung als Transportweg genannt wird, tatsächlich für Wasserstoff eignet, ist fraglich. Eine Flughafenanbindung sei zwar potenziell möglich, die AIREG-Studie warnt aber vor damit verbundenen „erheblichen technischen Maßnahmen", etwa weil der Wasserstoff zunächst vom Trägergas in der Pipeline getrennt werden und für die Lagerung vor Ort und die Betankung der Flugzeuge gekühlt beziehungs-

Exkurs

Infrastruktur für LH_2-Luftverkehr

Neuer Sprit – neue Technik: Die Umstellung von Kerosin auf flüssigen Wasserstoff erfordert einen radikalen Umbau der Flughafeninfrastruktur. Die ersten Schritte müssen jetzt erfolgen, um eventuell bereits ab Mitte der 2030er Jahre für den Verkehr mit LH_2-Flugzeugen gerüstet zu sein.

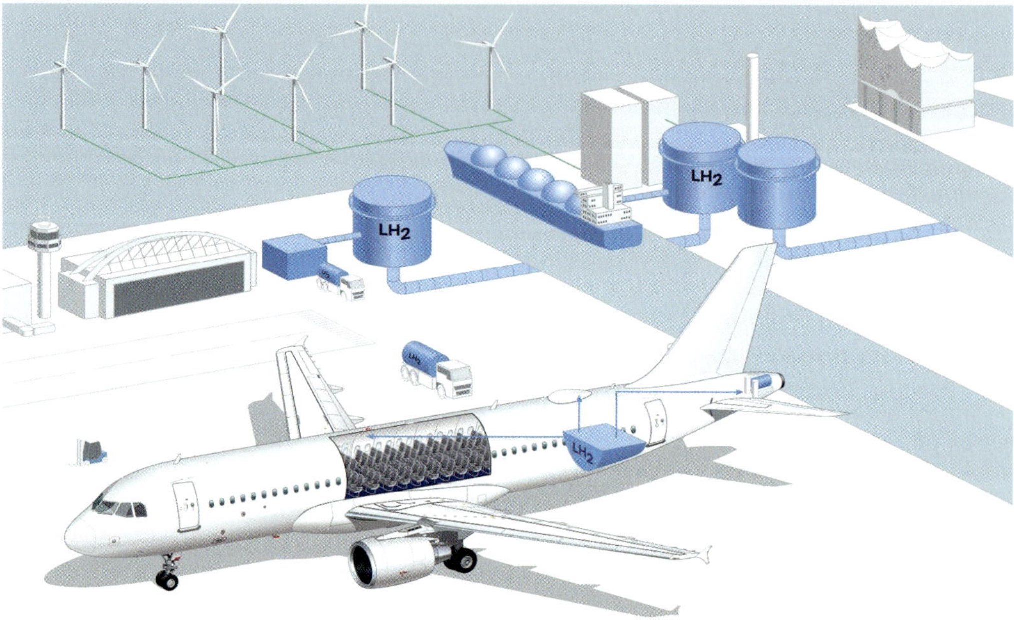

Wasserstoff-Infrastruktur am Flughafen Hamburg: Der Airport der Hansestadt entwickelt derzeit ein Konzept, um LH_2-Flugzeuge mit Treibstoff versorgen zu können. (Flughafen Hamburg)

Das britische Aerospace Technology Institute (ATI) hat drei Szenarien für die Umstellung entwickelt: Flughäfen erhalten den Treibstoff entweder per Lkw/Bahn, über eine Pipeline – oder er wird vor Ort produziert. Gelagert wird der Sprit in Kühltanks, fernab von Taxiways, Terminals und Funktionsgebäuden. Tankfahrzeuge mit Kryotanks bringen den flüssigen Wasserstoff von dort zu den Flugzeugstellplätzen an den Parkboxen, wobei hohe Sicherheitsregeln gelten. So dürfen die Maschinen – anders als heute üblich – erst dann betankt werden, wenn Passagiere und Personal von Bord gegangen sind. Dadurch und aufgrund der großen Treibstoffmengen, mit denen LH_2-Flugzeuge betankt werden müssen, verlängern sich deren Standzeiten. Das hat Folgen etwa für Low-Cost-Airlines, die eine schnelle Taktung brauchen, um die Flughafengebühren niedrig zu halten. An Airports mit hoher Verkehrsdichte sollte die Betankung am besten über ein unterirdisches Pipelinesystem mit Hydranten erfolgen, um Tankwagenstaus zu vermeiden, empfehlen die ATI-Forscher. Große Drehkreuze nutzen solche Pipelines schon heute für Kerosin; die vorhandenen Leitungen seien jedoch für den Transport von LH_2 ungeeignet, da sie nicht thermisch isoliert sind.

Auch das Bodenpersonal müsse für das Handling von flüssigem Wasserstoff bereits jetzt geschult werden, so die ATI-Studie, um die Arbeitsschritte beim Betanken und anderen Tätigkeiten rechtzeitig zu erlernen.

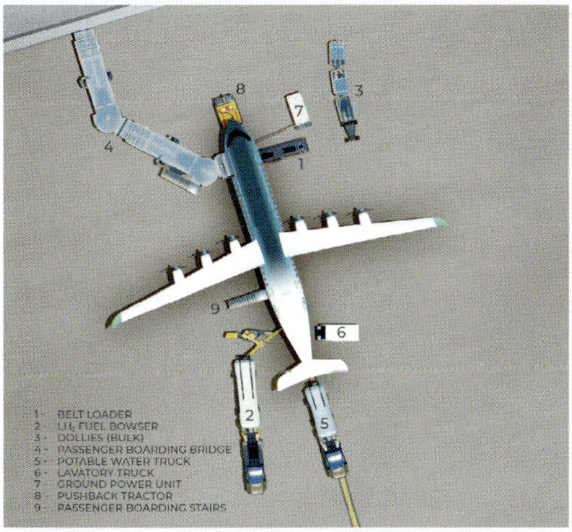

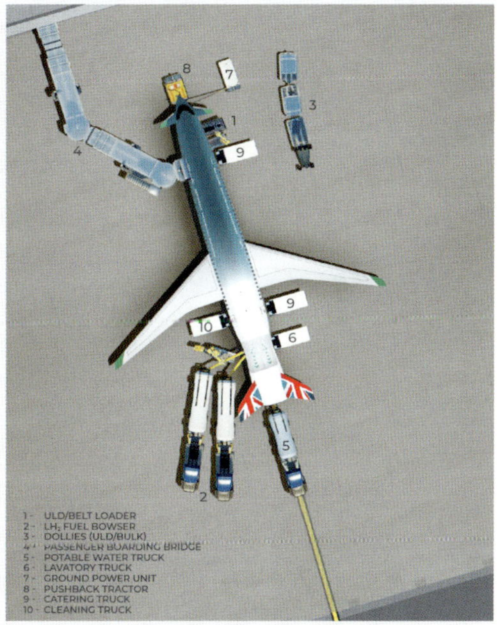

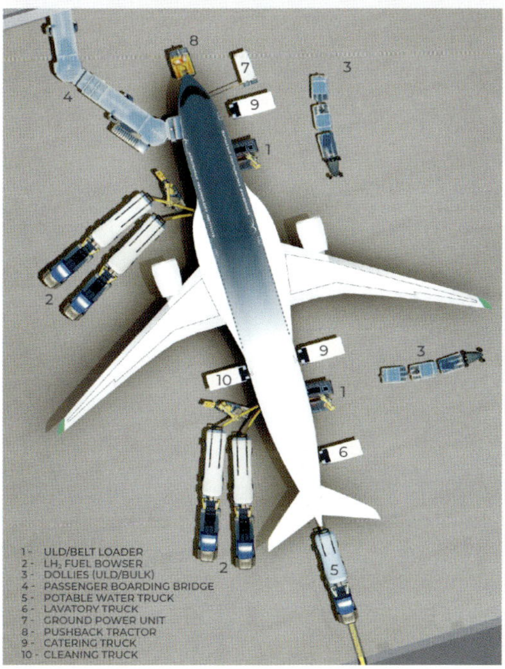

Im Rahmen des Projekts Fly Zero konzipierte das britische Aerospace Technology Institute (ATI) Szenarien für die Betankung unterschiedlicher Typen von Verkehrsflugzeugen mit flüssigem Wasserstoff. In den Schaubildern ist zu erkennen, dass die Treibstoffversorgung, anders als bei Kerosin, im hinteren Bereich der Maschinen erfolgt, da dort die LH_2-Tanks untergebracht sind. Für Regionalflugzeuge gehen die ATI-Forscher von einer Turnaround Time unter 25 Minuten aus; Kurz- und Mittelstreckenjets können in 30 Minuten betankt werden. Langstreckenflugzeuge brauchen bis zu 90 Minuten, bevor sie wieder starten können. (ATI)

Gemeinsam mit dem Raumfahrtkonzern Ariane entwickelt Airbus am Flughafen Toulouse eine Wasserstoff-Tankstelle für Verkehrsflugzeuge. Der Prototyp soll 2025 funktionsfähig sein. (Airbus)

weise stark komprimiert werden muss. Für keinen der genannten Prozesse sind heute die nötigen Anlagen vorhanden.

Zu Beginn der Umstellung dürfte der Bedarf an neuer Infrastruktur überschaubar sein, da vorerst nur Kurz- oder Regionalstreckenflugzeuge mit LH_2 fliegen werden und erst ab Mitte der 2040er Jahre mit Wasserstoff-Mittelstreckenjets zu rechnen ist. Airports und Kraftstofflieferanten haben also noch 20 Jahre Zeit für den Umbau. Es ist gleichwohl davon auszugehen, dass viele Verkehrsflughäfen parallel Kerosin/SAF und Wasserstoff als Treibstoffe anbieten werden – um nicht von vornherein jene Airlines auszusperren, die ihre Flotten bereits früh auf LH_2 umstellen. Gleiches gilt im Übrigen für den Betrieb von Elektroflugzeugen, die allerdings vorrangig auf Kurzstrecken verkehren werden. Für die Flughäfen und Kraftstofflieferanten bedeutet das einen immens hohen Koordinierungsaufwand (→ Exkurs: Infrastruktur für LH_2-Luftverkehr).

Welche Kosten dabei anfallen werden, ist noch nicht einmal ansatzweise abzuschätzen. Viele Bestandteile der Flughafen-Infrastruktur müssen komplett umgerüstet werden, zum Beispiel die Tanksysteme. Um dieses Problem zu lösen, arbeitet Airbus zurzeit gemeinsam mit dem Raumfahrtkonzern Ariane am Konzept einer LH_2-Tankstelle, deren Prototyp 2025 am Flughafen Toulouse-Blagnac fertiggestellt sein soll – rechtzeitig also für den Beginn der Flugtests mit einer auf Wasserstoffantrieb umgebauten A380. Ob die Anlage als Konstruktionsmuster für andere Verkehrsflughäfen taugt, ist indes fraglich, da sie nur der Direktbetankung der Maschinen dient. Tankfahrzeuge, die

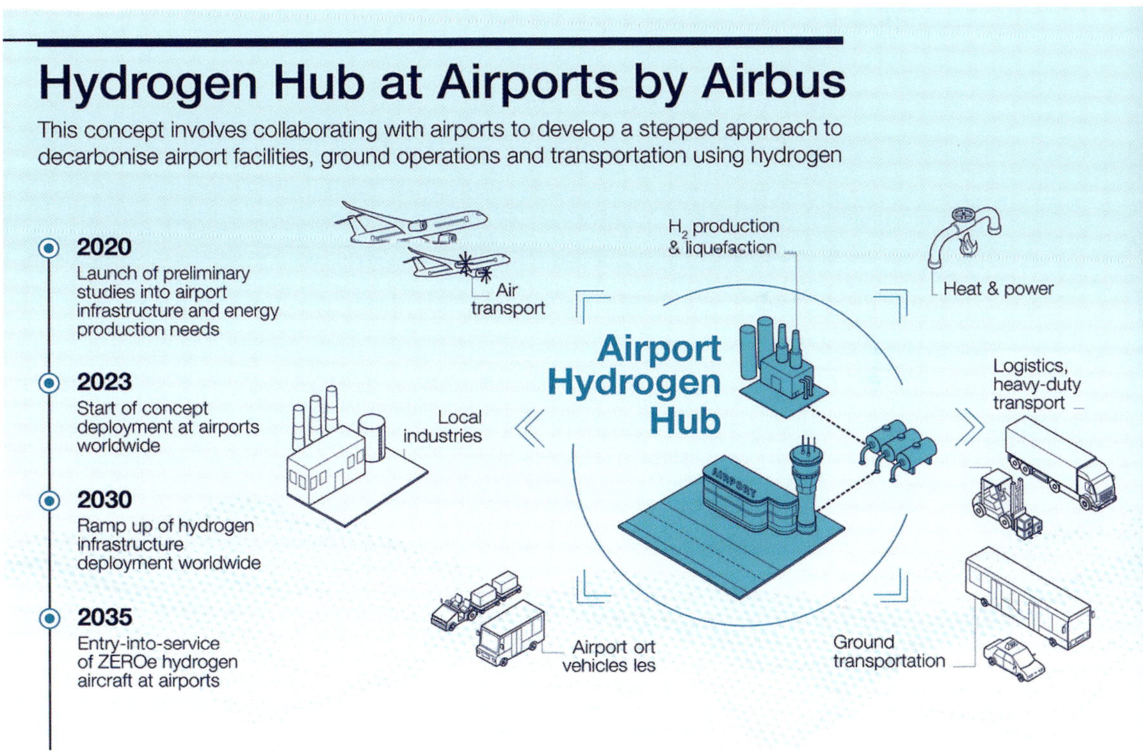

Die künftige Wasserstoff-Infrastruktur an Flughäfen soll nach den Vorstellungen von Airbus keine Insellösung sein, sondern den kostbaren Brennstoff auch anderen Marktteilnehmern zur Verfügung stellen können. (Airbus)

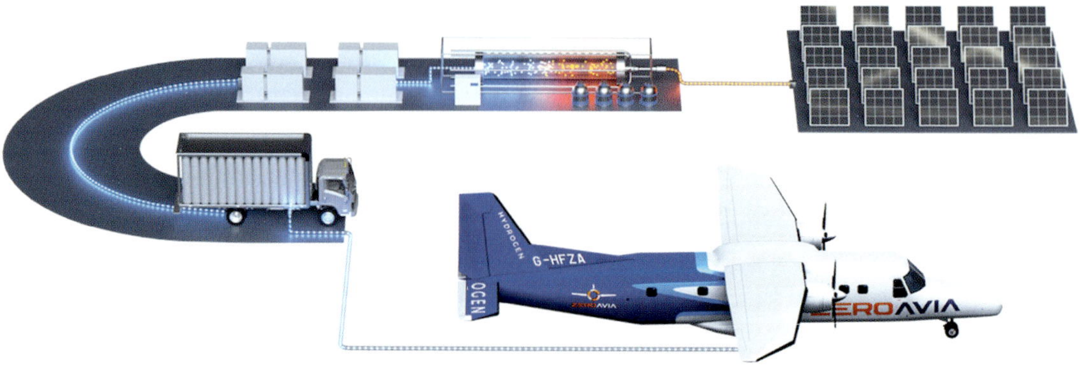

Wenn es nach den Plänen von Zeroavia geht, soll flüssiger Wasserstoff an kleineren Airports direkt produziert werden. Die Dezentralisierung würde die Logistik in jedem Fall vereinfachen, verursacht aber höhere Kosten für die Flughafenbetreiber. (Zeroavia)

an den meisten Airports den Treibstoff vom Lager zu den Flugzeugen transportieren, enthält das Konzept bisher nicht.

In dem seit 2020 von Airbus mit Linde, Air Liquide und weiteren Partnern entwickelten Konzept des Airport Hydrogen Hub sind sie bereits vorgesehen. Wenn es nach dem Konsortium geht, sollen die Hubs an vielen europäischen Drehkreuzen etabliert werden. Mit ADP, der Betreibergesellschaft der Pariser Verkehrsflughäfen Charles de Gaulle und Orly, ist man sich seit 2022 handelseinig. Zurzeit werde in einer Studie das Potenzial von 30 weiteren Flughäfen untersucht, die bis 2035 damit ausgerüstet werden könnten. Integraler Bestandteil der Hubs sollen eigene, leistungsfähige Elektrolyse-Anlagen sein, die Wasserstoff vor Ort erzeugen. Geplant sei, mit dem Kraftstoff nicht nur Flugzeuge und am Airport benötigte Fahrzeuge zu betanken, sondern ihn auch lokalen Heizkraftwerken und anderen Abnehmern zu liefern.

Neben Flugzeugherstellern wie Airbus sind vor allem die Flughäfen selbst an der Umgestaltung der LH_2-Infrastruktur beteiligt. Und auch Hersteller wie Zeroavia wollen bei der Entwicklung mitreden. Das britische Unternehmen kooperiert dazu mit dem Energiekonzern Shell in Hollister, Kalifornien. Beide entwickeln gerade gemeinsam das sogenannte Hydrogen Airport Refueling Ecosystem (HARE), einen Prototyp für künftige LH_2-Betankungstechnik auf Verkehrsflughäfen. Am Standort im britischen Cotswold betreibt Zeroavia bereits eine Wasserstoff-Pipeline, die das Gas aus einer Elektrolyse-Anlage bis zum Hangar der Maschinen transportiert. Das britische Aerospace Technology Institute hat derweil Berechnungen für den Bedarf an LH_2-Tankwagen auf Verkehrsflughäfen im Jahr 2050 angestellt. Je nach Größe und Passagieraufkommen müssen demnach kleine Standorte (bis zehn Mio. Fluggäste pro Jahr) dann vier bis fünf solcher Fahrzeuge betreiben. Mittelgroße Airports (bis 50 Mio. Passagiere) bräuchten 20 bis 25 Tankwagen. Auf großen Drehkreuzen mit bis zu 100–130 Millionen Fluggästen pro Jahr wären 70 bis 90 dieser sogenannten Bowser im Einsatz – was auch wegen des nötigen Fachpersonals einen nicht zu unterschätzenden Kostenfaktor darstellt.

Weltweit arbeiten momentan Hunderte Flughäfen mit Treibstofflieferanten und Anlagenbauern an Plänen für den Infrastrukturumbau. „Da droht Wildwuchs", warnte Scott Coughlan auf dem Kongress Aviation Carbon im Oktober 2022 in London. Man müsse dringend sicherstellen, so der Nachhaltigkeits-Chef von Alaska Airlines, „dass global ein einheitliches Betankungssystem für Wasserstoff implementiert wird, um beispielweise zu vermeiden, dass – je nach Airport – unterschiedliche Adapter an den Tankstutzen der Flugzeuge nötig sind". Die Luftfahrtbranche könnte sich ein Beispiel an der IT-Industrie nehmen, der es nach langem Hin und Her 1996 gelungen war, USB als universelle Schnittstelle international zu etablieren. Wie wäre es zum Beispiel mit UHB?

Was leisten Elektroflugzeuge – und was nicht?

Andreas Spaeth

Hinter dicken Stahltüren könnte sie liegen, die Zukunft des Fliegens. In den Katakomben des Industriecampus in München-Neuperlach lassen sich die Vorboten des elektrischen Flugzeitalters bereits erahnen. Eher unscheinbar sieht der Teststand aus, in dem – gut gesichert vor neugierigen Blicken – ein Prototyp des Rolls-Royce RRP200D steht: eines Triebwerks, das die Ära klimafreundlicher Antriebe einleiten soll.

Aktive Teststände für Triebwerke haben für gewöhnlich etwas Infernalisches, wenn etwa riesige Jet-Antriebe mit ohrenbetäubendem Lärm hinter dicken Schallschutzwänden auf Vollleistung gebracht werden. Hier sieht es dagegen eher wie in einem wohlgeordneten, kleinen Versuchslabor aus. Schon der Motor selbst fällt kaum auf, er besteht im Grunde nur aus einem Metallring, so groß wie ein Wagenrad mit einer Art fünfarmigen Spule, die sich im Inneren dreht. Mehr nicht. Dabei handelt es sich um den Rotor mit Magneten und die Lager. Unglaublich minimalistisch im Vergleich zu den komplexen Verbrennungstriebwerken, die über rund 18.000 bewegliche Teile verfügen. In

Oben: Die Eviation Alice hebt erstmals ab vom Flughafen Moses Lake im US-Bundesstaat Washington. (Eviation)

einem Elektro-Flugtriebwerk finden sich dagegen nur 18 rotierende Elemente. Das gibt einen Vorgeschmack auf die Revolution, die Triebwerkhersteller wie Rolls-Royce und weite Teile der Luftfahrtbranche herbeisehnen. Es wird eine leise Revolution. Die Ingenieure berichten, dass selbst bei voller Belastung des laufenden Elektromotors auf dem Teststand allenfalls ein gedämpftes Surren zu hören ist – alles andere als infernalisch.

Seit 2019 Siemens die Sparte verkauft hat und daraus Rolls-Royce Electrical geworden ist, kann das Unternehmen sogar mit zwei Elektromotoren aufwarten. Der RRP200D, der heute im Münchner Teststand dreht und bis zu 245 kW (333 PS) leistet, ist in einem Prototyp des Flugtaxis City Airbus bereits geflogen. Sein noch namenloser größerer Nachfolger soll sogar 320 kW (429 PS) Leistung liefern und dann die neunsitzige Tecnam P-Volt antreiben, die 2026 in Norwegen im Liniendienst starten könnte **(→ Exkurs: Pionierland Norwegen)**. Im Labor existiert das Elektrotriebwerk schon, erste reguläre Testläufe starten 2023. Im Vergleich zum RRP200D ist sein Durchmesser sogar geringer, dafür ist der Motor etwas länger und hat eine höhere Drehzahl und ein geringeres Drehmoment. Die Luftfahrt, das ist hier im Münchener Süden in seinen Anfängen zu besichtigen, startet derzeit konkrete Vorstöße ins Zeitalter der elektrisch angetriebenen Maschinen.

Der Traum vom Elektroantrieb ist älter als das Flugzeug selbst. Schon 1883 brachte der französische Chemiker und Flugpionier Gaston Tissandier einen Siemens-Elektromotor an einem Luftschiff an und absolvierte damit Flüge – erst 20 Jahre später wagten die Brüder Wright in Kitty Hawk ihre ersten Hüpfer mit einem Flächenflugzeug. Als es später um Antriebsmethoden für Flugzeuge ging, etablierte sich allerdings bald der Verbrennungsmotor. Dennoch nutzte man elektrischen Strom schon in den 1940er Jahren in Militärflugzeugen wie der B-29 Superfortress für andere Aufgaben an Bord, etwa für das Aus- und Einfahren des Fahrwerks. Bei Zivilflugzeugen dauerte es weitere Jahrzehnte, bis 1967 die Boeing 737 zu ihrem Erstflug startete und erstmals Navigationsinstrumente und verschiedene Funktionen der Kabinenausstattung elektrisch betrieben wurden. Daraus entstand bald der Trend, für immer mehr Aufgaben an Bord elektrischen Strom zu nutzen. Dafür wurde der Begriff More Electric Aircraft (MEA) geprägt: das immer umfangreicher elektrifizierte Flugzeug. Allerdings dauerte es wiederum zwei Jahrzehnte bis zum nächsten Entwicklungssprung – der Einführung der kabellosen Fly-by-Wire-Steuerung (das sogenannte Fliegen per Draht) im Airbus A320 ab 1987,

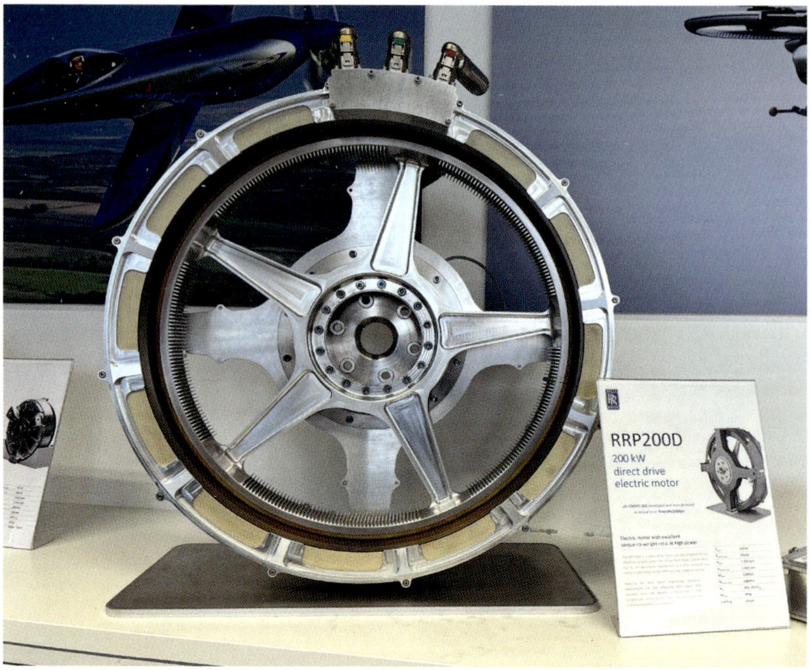

Der Rolls-Royce-Elektromotor RRP200D mit bis zu 245 kW Leistung ist für den Antrieb von Flugtaxis vorgesehen. (Spaeth)

Bisher laufen elektrische Flugmotoren vor allem auf Testständen, dabei zeigt sich bereits positiv ihre geringe Lärmentwicklung. (Rolls-Royce)

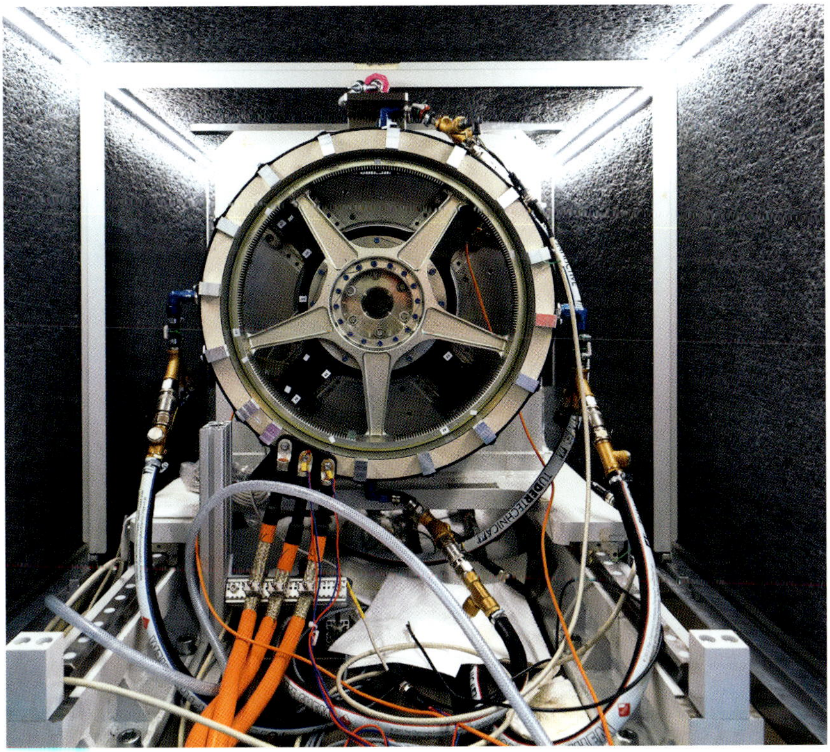

In München-Neuperlach testet Rolls-Royce Electrical Elektroantriebe für Regionalflugzeuge auf dem Prüfstand. (Rolls-Royce)

Verglichen mit heutigen Strahltriebwerken sind Elektroantriebe sehr viel kompakter und weniger komplex. (Rolls-Royce)

Das Projekt E-FanX von Airbus und Siemens, bei dem eines von vier Triebwerken einer BAe 146 durch einen Elektromotor ersetzt werden sollte, wurde 2020 vor der Umsetzung eingestellt. (Airbus)

die Kommandos aus dem Cockpit statt mechanisch über Seilzüge per elektrischem Impuls durch dünne Drähte an Ruder und Klappen weitergibt.

Der Trend zur Elektrifizierung setzte sich ab 2005 im Airbus A380 fort, dessen Stellmotoren für die Schubumkehr ebenso elektrisch betrieben sind wie die (hybrid-elektrischen) Hydrauliksysteme für Flügelklappen und Ruder. Ganz neue Größenordnungen in der Elektrifizierung an Bord erreicht seit 2009 die Boeing 787, bei der alles von der Klimaanlage bis zur Betätigung der Bremsen sowie die Enteisung mit Strom betrieben wird. Dafür sind an Bord des sogenannten Dreamliners erstmals Batterien in einer Größenordnung nötig, die bei Verkehrsflugzeugen zu zuvor unbekannten Problemen führten: Zur Speicherung des Stroms sind Lithium-Ionen-Akkumulatoren im Rumpfheck installiert, die eine latente Brandgefahr bedeuten. Anfang 2013 kam es zu zwei Zwischenfällen in 787-Linienflugzeugen mit Feuer und Hitzeentwicklung. Die Behörden verhängten daraufhin ein dreimonatiges weltweites Startverbot für den Dreamliner – bis zusätzliche Sicherheitsmaßnahmen entwickelt und umgesetzt waren, um die Ausbreitung möglicher Batteriebrände zu verhindern.

Daraus ergibt sich der Erkenntnisgewinn: Die Nutzung elektrischen Stroms an Bord von Flugzeugen hat ihre Tücken – und vor allem enge Grenzen. Das liegt an den bis heute bei weitem nicht genügend leistungsfähigen Batterien. Trotz ihres beträchtlichen Gewichts und Volumens ist die Energie, die sie liefern können, üblicherweise nicht ausreichend, um Flugzeuge anzutreiben. Zumal Batterien die unangenehme Eigenschaft haben, oft erschreckend schnell leer zu sein. Anders als bei Flugzeugen mit Verbrennungsmotoren, deren Kraftstoff zur Neige geht, macht sie das aber nicht leichter: Batterien bleiben bis zur Landung der schwere Klotz am Bein, der sie schon beim Start waren.

Dennoch ist vor allem die Nutzung grünen Stroms als Energiequelle für den nahezu emissionsfreien Antrieb von Flugzeugen ein erstrebenswertes Ziel, auch wenn das bislang nur auf kurzen Strecken funktioniert. Vier Prozent der globalen Emissionen der Luftfahrt werden durch Flüge von weniger als 200 Kilometern verursacht, weitere neun Prozent von Flügen bis 400 Kilometern. Solche Strecken könnten mittelfristig von Elektroflugzeugen übernommen werden. Denkbar ist, dass bei fortschreitender Batterieentwicklung sogar viele Flüge bis 1.300 Kilometer elektrifiziert werden können – zusammengenommen sind sie für ein Drittel aller Luftfahrt-Emissionen verantwortlich.

„Die Frage ist nicht, ob, sondern wann der Elektroantrieb für Flugzeuge kommt", konstatiert die Unternehmensberatung Roland Berger und bescheinigt dem Elektroflug „ein wahrhaft disruptives Potenzial." Die *Financial Times* verkündet sogar: „Die Industrie liegt in den Wehen der größten Revolution seit der Entwicklung des Jet-Antriebs durch Frank Whittle im Jahr 1937." Jet-Triebwerke haben sich seit ihrer Einführung in den 1950er Jahren bei ihrer Leistung allerdings gerade einmal verdoppelt. Größeres Innovationspotenzial liegt im Elektroantrieb: „Mit der Aussicht auf verbesserte Treibstoffeffizienz, geringere Treibhausgasemissionen, reduzierte Kosten und höhere Sicherheit mit gleichzeitiger Erweiterung des Designspielraums verspricht der Elektroantrieb sowohl die Veränderung der vorherrschenden Reiseformen als auch die Einführung neuer subregionaler Reisesegmente, die den meisten Reisenden bislang verwehrt blieben", sagen die Berger-Berater.

Wenn da nur nicht das Problem der Batteriekapazität wäre. „Wegen des Reichweitenproblems bin ich skeptisch, bei allem was batterieelektrisch fliegt. Das kann eigentlich nur bestimmte Nischen bedienen", sagt Lars Enghardt, Leiter des DLR-Instituts für Elektrifizierte Luftfahrtantriebe in Cottbus.

Seit 2020 arbeiten Forschende aus 20 DLR-Instituten gemeinsam im Projekt EXACT (Exploration of Electric Aircraft Concepts and Technologies) an der Entwicklung neuer Technologiebausteine für ein ökoeffizientes Verkehrsflugzeug. (DLR)

„Wir werden in näherer Zukunft keine Batterien mit nennenswerter Steigerung der Energiedichte sehen." Sie seien viel zu schwer, auch wenn die Energieeffizienz von Batterien, auf ihr Gewicht bezogen, etwa um fünf Prozent pro Jahr besser werde, sei man damit immer noch in der falschen Größenordnung, was Leistung und Energiedichte angeht. „Wenn das so weitergeht, kommt man erst in zehn bis 20 Jahren in Bereiche, wo Elektroantriebe zumindest für Sportflugzeuge relevant werden könnten, um längere Streckenflüge von A nach B und nicht nur Platzrunden zu machen", ergänzt Enghardts Hamburger DLR-Kollege Björn Nagel, Direktor des Instituts für Systemarchitekturen in der Luftfahrt. Ein ernüchternder Ausblick, soll ja die Verkehrsluftfahrt elektrifiziert werden und nicht nur die Sportfliegerei. Zugleich sieht Nagel indes den Anreiz: „Rein elektrisches Fliegen ist sehr attraktiv, weil es einen sehr hohen elektrischen Wirkungsgrad von mehr als 90 Prozent hat. Der grüne Strom aus Windenergie wird zu einem großen Teil für den Vortrieb genutzt.“ Das International Council on Clean Transportation (ICCT), das in solchen Fragen maßgebliche wissenschaftliche Gremium, schätzt zwar, das nur etwa 70 Prozent der Batterieenergie in Flugzeugen tatsächlich den Motor antreibe, da es zu Verlusten in Batterie und Motor komme. Trotzdem sei dies eine hohe Effizienz im Vergleich zum Antrieb mit Wasserstoff oder SAF, wo der Vergleichswert zwischen 20 und 30 Prozent liege.

Ein besonders limitierender Faktor beim Elektroflug liegt im Gewicht der Batterien, das die Nutzlast und Reichweite einschränkt. Beispiel Heart Aerospace: Die schwedische Firma wollte einen elektrischen 19-Sitzer auf den Markt bringen, dessen maximales Startgewicht gut acht Tonnen betragen hätte, wobei 3,5 Tonnen auf das Gewicht der Batterien entfallen wären – um damit in etwa eine Energiemenge zu erzeugen wie acht bis zehn Elektroautos. Inzwischen hat das Unternehmen die Pläne verworfen und arbeitet an einer neuen Variante, denn die Kapazität der Batterien der ES-19 hätte nur für ultrakurze Strecken gereicht. Jayant Mukhopadhaya, Analyst des ICCT, berichtet von jüngsten Untersuchungen des Gremiums dazu: „Wir waren tatsächlich überrascht, wie verheerend kurz die Reichweiten sind.“ Ein 19-Sitzer wie die verworfene ES-19 wäre nach Einschätzung der Wissenschaftler auf eine maximale Reichweite von 260 Kilometern gekommen, bei weitem nicht die von Heart ursprünglich angegebenen 400 Kilometer. Und das wäre noch nicht einmal die kommerziell nutzbare Reichweite gewesen, denn in der Luftfahrt ist es vorgeschrieben, dass Flugzeuge für Warteschleifen am Zielflughafen 30 Minuten Energiereserve mitführen müssen, plus ausreichend Extraenergie für das Erreichen eines bis zu 100 Kilometer entfernten Ausweichflughafens. Wenn man das berücksichtigt, bleiben von den 260 Kilometern der ES-19 etwa 50 Kilometer kommerziell nutzbare Reichweite übrig. Zu wenig. Das US-Start-up Wright Electric, das unter anderem mit Easyjet kooperiert, gibt sich davon unbeeindruckt und beabsichtigt, ab der zweiten Hälfte des Jahrzehnts Kurzstrecken mit einem batteriegetriebenen 100-Sitzer zu fliegen – von dessen verkündeter Reichweite blieben allerdings nicht einmal zehn Kilometer übrig. Trotzdem hofft Easyjet weiter auf spätere Varianten, die dereinst 540 Kilometer Reichweite erzielen sollen, was den Flugdistanzen von 20 Prozent aller Passagiere des europäischen Billigfliegers entspräche.

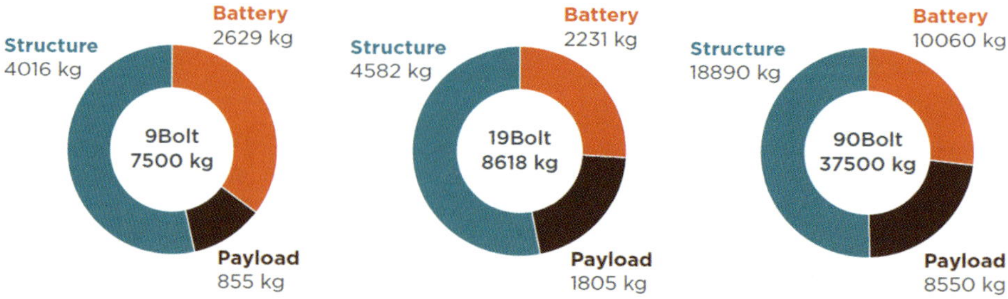

Die Gewichtsverteilung bei 9-, 19- und 90-sitzigen Elektroflugzeugen zeigt, dass allein die Batterien beim Neunsitzer mehr als ein Drittel des Gewichts ausmachen. (ICCT)

Doch solche größeren E-Flugzeuge (f)liegen erst in weiter Ferne: „Man wird zunächst mit einer kommerziellen Nutzlast von etwa zehn Passagieren im Batteriebetrieb keine nennenswerten Strecken zurücklegen können, und das weiß auch jeder“ sagt DLR-Experte Lars Enghardt. „In der Verkehrsluftfahrt werden Batterien daher keine wesentliche Rolle beim Antrieb spielen. Wir setzen aber auf Batterien als Booster, wenn die Hauptantriebsquelle die in einer spezifischen Flugphase nötige Energie nicht allein liefern kann.“

Die meisten Experten und zunehmend auch Hersteller wie Heart Aerospace haben erkannt, dass sich ohne eine Kombination mehrerer Antriebsformen und Energien in der Luftfahrt nicht viel ausrichten lässt. Für längere Strecken und größere Flugzeuge könnten sich indes hybrid-elektrische Konzepte durchsetzen: „Die haben ein großes Potenzial“, sagt Björn Nagel vom

Die überarbeitete, größere Version des schwedischen Elektroflugzeugs Heart ES-30 wurde auch von Air Canada bestellt und fasst 30 Passagiere. (Heart Aerospace)

Exkurs:

Pionierland Norwegen – Elektroflug über Fjord und Fjell

Gerade einmal 160 Kilometer liegen zwischen den beiden wichtigsten Städten im Westen Norwegens. Bergen ist mit fast 300.000 Einwohnern die zweitgrößte Metropole des skandinavischen Landes und Wirtschaftszentrum, Touristenmagnet sowie bedeutende Basis zur Verkehrsanbindung der norwegischen Erdölförderung in der Nordsee. Stavanger ganz im Südwesten ist nur etwa halb so groß, aber Schwerpunkt der internationalen Erdöl- und Erdgasindustrie. Es sind ausgerechnet die Standorte dieser fossilen Energiewirtschaft, die zum Pioniergebiet für die kommende Form nachhaltiger Mobilität werden könnten: Schon ab 2026 werden wohl die weltweit ersten Linienflüge mit elektrogetriebenen Flugzeugen zwischen diesen beiden Städten durchgeführt.

Die 160 Kilometer lange Strecke hat es topografisch in sich: Ein Netz von tiefen Fjorden und unwegsamen Bergregionen mit im Winter schneebedeckten Gipfeln durchzieht den Weg. Weder Straßen- noch Schiffs- oder Bahnverbindungen sind dort effiziente Transportwege; daher ist trotz der geringen Entfernung das Flugzeug das bevorzugte Verkehrsmittel. Rund 550.000 Passagiere fliegen auf dieser Verbindung pro Jahr. Das ist bislang alles andere als nachhaltig. Und genau das will Norwegen mit einer Initiative ändern, die so radikal ist wie keine andere: „Wir wollen Norwegen zum weltweiten Vorreiter für elektrische Luftfahrt machen", verkündete Avinor vor

Die elektrisch angetriebene Tecnam P-Volt könnte schon ab 2026 bei der norwegischen Regionalgesellschaft Widerøe auf Linienflügen zum Einsatz kommen. (Tecnam)

zwei Jahren, das staatliche Unternehmen für Flughafenbetrieb und Luftraumüberwachung. Norwegen will als erstes Land einen beträchtlichen Anteil an Elektroflügen am Gesamtmarkt erreichen, „alle norwegischen Inlandsflüge sollen bis 2040 elektrifiziert sein", lautet die Vorgabe der Regierung. Gegenüber 2020 würde das die Emissionen um 80 Prozent reduzieren.

In dem skandinavischen Land ziehen alle an einem Strang, auch das eine Seltenheit: Politik, Behörden, Wissenschaftler, Flugzeug- und Triebwerkshersteller sowie Airlines – und Kommunen wie Stavanger und Bergen. Außerdem gibt es mit viel Wasserkraft und Wind reichlich Möglichkeiten, um grüne Energie zu erzeugen. Und wegen seiner Berge und Fjorde und vieler abgelegener Ortschaften passt der Bedarf im Land optimal zu den Gegebenheiten des noch jungen Projekts der elektrischen Luftfahrt: Am Anfang werden nur kleine Flugzeuge auf kurzen Strecken mit Batterieantrieb fliegen können, also etwa Neun- bis Zwölfsitzer über maximal 150 Kilometer mit einer Akku-Ladung. Mehr Ladekapazität bieten die Batterien derzeit nicht. Für den Anfang ist das in Norwegen völlig ausreichend; viele Inlandsflüge sind ohnehin nur kurze Hüpfer mit Flugzeiten von 20 Minuten oder weniger.

Das Land ist schon jetzt vorn dabei in Sachen Elektromobilität: Nirgendwo sonst gibt es pro Kopf mehr Elektroautos; auch Fähren fahren bereits elektrisch. „Ich glaube, dass Elektrofliegerei eine sehr gute Gelegenheit für Norwegen ist, da Luftverkehr hier sehr wichtig und das dichte Kurzstreckennetz eher auf kleinere Flugzeuge mit wenigen Passagieren ausgerichtet ist. Das können batteriegetriebene Maschinen erledigen, auch wenn es noch Herausforderungen gibt", sagt Jonas Kristiansen Nøland von der Technisch-Naturwissenschaftlichen Universität (NTNU) in Trondheim. Forscher des dortigen Instituts für Verkehrsökonomie (TØI) haben errechnet, welchen Schub eine Pilotstrecke Bergen-Stavanger bringen würde: „Dieser Versuch könnte die Einführung elektrischer Flugzeuge in Norwegen um fünf Jahre beschleunigen", heißt es in deren Report, „die Möglichkeit der Flugzeug-Elektrifizierung wird attraktiv."

Das findet auch Andreas Kollbye Aks, der maßgeblich an der Umsetzung der großen Ankündigungen beteiligt ist: als Strategiechef der 1934 gegründeten norwegischen Regionalfluggesellschaft Widerøe. Die Airline fliegt mit ihren 40 Turboprop-Flugzeugen und drei Jets jährlich 2,5 Millionen Menschen zu 45 Flughäfen bis hoch ans Nordkap, buchstäblich zu jeder Milchkanne in dem langgestreckten Land – ganz gleich, ob Schneesturm herrscht oder die Mitternachtssonne scheint. Aks hat prominente Partner: „Seit 2019 arbeiten wir mit Rolls-Royce

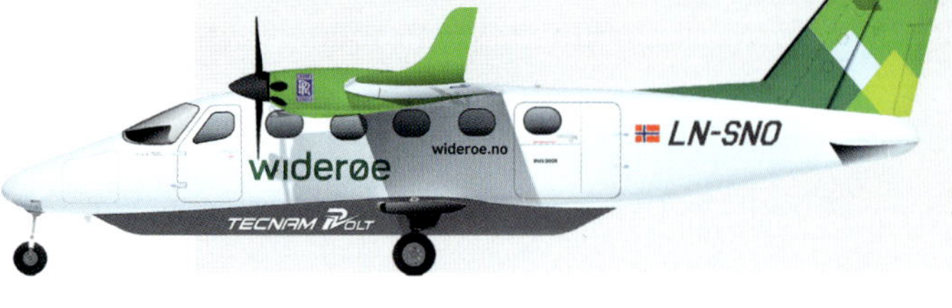

als Triebwerkshersteller zusammen und auch mit Tecnam aus Italien, die ein neunsitziges Turboprop-Flugzeug bauen, für größere Flugzeugprojekte kooperieren wir mit Embraer aus Brasilien." Norwegen hat eine derart führende Position beim Thema nachhaltiges Fliegen, dass die global winzige Widerøe plötzlich mit den Großen der Branche auf Augenhöhe ist, ja sie sogar Rat in Norwegen suchen. Es klingt paradox, aber dort will man wirklich in wenigen Jahren schon so weit sein, dann sollen die ersten Tecnam P-Volt als für den Batteriebetrieb umgerüstete Propellerflugzeuge auf Linienflügen abheben.

„Die Motoren der P-Volt bringen es auf etwa 500 Kilowatt, in den Testlaboren hat Rolls-Royce aber schon elektrische Triebwerke, die 2,5 Megawatt leisten, etwa 3.800 PS", weiß Aks, „das würde sogar reichen, um einen 50-Sitzer anzutreiben." Der ist bereits in der Konzeptphase und soll erstmals zwischen 2030 und 2035 fliegen und die heutigen Widerøe-Turboprops ersetzen. „Wir kämpfen um die Zukunft von Widerøe, um das Überleben des Mobilitätssystems, das wir für die ländlichen Regionen Norwegens aufgebaut haben", sagt Widerøe-Chef Stein Nilsen. „Dafür müssen wir bis 2030 ein neues nachhaltiges Konzept finden. Die Branche war bislang viel zu konservativ, um die Notwendigkeit für Veränderungen zu erkennen, damit hätte man vor zehn Jahren anfangen sollen", moniert er. Der Chef der Fluggesellschaft setzt auf das italienische Einsteigermodell: „Die Technologie für die Tecnam P-Volt ist da, das Flugzeug kann fliegen. Es ist klein und nicht die Lösung für unser heutiges Mobilitäts-System, aber ein interessanter erster Schritt." Vor allem aber ein Hoffnungsträger: „Wenn niemand die erste Generation von Elektroflugzeugen an den Start bringt, werden wir nie die zweite Generation erreichen", sagt Nilsen. Und auf größere, elektrogetriebene Regionalflugzeuge wartet die ganze Welt.

DLR. „Bei kleinen Flugzeugen kann man mit einem Kolbentriebwerk mit Biokerosin fliegen oder mit direkter Verbrennung von Wasserstoff sowie mit Wasserstoff und Brennstoffzellen." Dabei entstünde lediglich Wasserdampf als Abfallprodukt – der freilich zur Kondensstreifenbildung führen könne und damit auch eine Klimawirkung hätte. Wenn es sich um sogenannten grünen Wasserstoff handelt, wäre der Betrieb allerdings CO_2-neutral.

Schon in wenigen Jahren, das ehrgeizige Ziel ist 2026, soll bei der norwegischen Regionalfluggesellschaft Widerøe das neunsitzige Propellerflugzeug Tecnam P-Volt mit elektrischer Energie zu Linienflügen abheben. Doch auch die zweimotorige Maschine wird anfangs kaum mehr als 150 Kilometer Reichweite mit einer Batterieladung haben, inklusive der vorgeschriebenen 30-Minuten-Energiereserve. Das mag reichen, um bestimmte Kurzstrecken in

Norwegen zu bedienen, wird aber anderswo wenig nützlich sein. Das ICCT geht davon aus, dass sich die heutige Energiedichte von Batterien verdoppeln muss, um einen kommerziellen elektrischen Kurzstreckenbetrieb überhaupt zu ermöglichen. Diese Entwicklung wird dauern: „Batterien haben heute eine Energiedichte von etwa 250 kWh pro Kilogramm, Kerosin erreicht 12.000 kWh – das 50-fache", erläutert DLR-Forscher Nagel. Die weitere Batterieentwicklung soll auch der Kostensenkung des Elektrobetriebs dienen: Kostete eine Kilowattstunde Batteriestrom 2019 noch durchschnittlich 156 US-Dollar, gehen Wissenschaftler inzwischen davon aus, dass der Preis bis 2030 auf 61 US-Dollar fallen werde. Die Unternehmensberatung Roland Berger erwartet ebenfalls, dass die Kosten eines Lithium-Ionen-Akkupacks bis 2030 um rund 60 Prozent sinken werden.

Für die Airlines bietet die Elektrifizierung neben der Nachhaltigkeit einen weiteren Vorteil: Elektromotoren sind viel simpler aufgebaut und damit günstiger in den Betriebs- und Wartungskosten als die heute typischen Turboprops der gleichen Schubklasse. So sagte Heart Aerospace voraus, dass der Motor der ES-19 im Vergleich dazu 20-mal kostengünstiger gewesen wäre und gegenüber dem günstigsten Turbofan-Jet-Antrieb sogar um etwa das Hundertfache. Auch die Lebensdauer der Batterien ist ein entscheidender Faktor. Üblicherweise geht man von 1.000 Ladezyklen aus, doch bei den zunächst vorgesehenen Kurzstrecken ließe sich das vermutlich auf bis zu 3.000 Zyklen steigern. Wenn ein Flugzeug zehn Umläufe am Tag fliegt, bedeutete das einen jährlichen Austausch der Batterien. Heart Aerospace denkt über eine Weiterverwendung am Boden nach, etwa zur Energiespeicherung an Flughäfen. Anschließend sollen beim Recycling 50 Prozent des Materials wiederverwendbar sein.

Leider kann die Luftfahrtbranche nur begrenzt von den Errungenschaften des E-Antriebs bei Autos profitieren. „Direkt verwendbar sind die Produkte aus dem Automobilbereich für uns nicht", sagt Grazia Vittadini, Technologiechefin bei Rolls-Royce. „Bei Batterien können wir das nicht, weil die Anforderungen extrem hoch sind, um das thermische Durchbrennen von Batteriezellen an Bord zu verhindern. Dazu brauchen die Zellen spezielle Gehäuse, die dann wieder ein hohes Zusatzgewicht verursachen." Vittadinis Kollege Stefan Breunig, Strategiechef von Rolls-Royce Electrical in München, erklärt: „Bei der Kombination von Zellen zu Batteriesystemen, bei der Integration und beim Batterie-Managementsystem müssen wir viel investieren, um das nötige Sicherheitsniveau für den Einsatz in Flugzeugen zu erreichen. Batteriesysteme und Batteriemanagement wollen wir selbst entwickeln, die Zellen werden wir von Zulieferern beziehen."

Trotz aller aktuellen Innovation – noch steckt die Elektro-Luftfahrt in den Kinderschuhen. Auch wenn es den ersten nur mit Strom aus Nickel-Cadmium-Batterien getriebenen bemannten Flug bereits am 21. Oktober 1973 gab – ein umgebauter Motorsegler flog damals für neun Minuten über Linz in Österreich. Die bis heute erreichten Rekorde in diesem Bereich sind allerdings kaum staunenswert: Der schnellste Elektroflug? 623 km/h, erreicht von der ACCEL, einem einsitzigen Elektro-Demonstrator von Rolls-Royce im Januar 2022, Reichweite rund 370 Kilometer. Der längste Elektroflug? 1.826 Kilometer in einer modifizierten, sechssitzigen Cessna 337 Skymaster von Ampaire im Juli 2022, die allerdings mit Hybrid-Elektroantrieb flog. Der Zugpropeller vorn war elektrisch angetrieben, der Schubpropeller hinten von einem Verbrennungsmotor.

Das Rolls-Royce-Testflugzeug Spirit of Innovation stellte 2021 mit 623 km/h einen Geschwindigkeitsrekord für Elektroflugzeuge auf. (Rolls-Royce)

Ohnehin fällt auf, dass die meisten Maschinen umgerüstete Veteranen sind. Schon 2016 startete Siemens erste Experimente mit einem für Elektrobetrieb umgebauten einsitzigen Flugzeug für Kunstflug, das dann unter dem Namen Aero vorgestellt wurde. Damals war das ein Herantasten an den elektrischen Betrieb. Die im Flug kaum hörbare Aero mit einem 80 kW (108 PS) leistenden Siemens-Elektromotor hatte eine Reichweite von 160 Kilometer bei einer Geschwindigkeit von 170 km/h, alternativ konnte sie 20 Minuten Kunstflug absolvieren. Bei einem Leergewicht von 319 Kilogramm entfielen 160 Kilogramm auf die Batteriepacks in den Tragflächen und im vorderen Rumpf, deren Wechsel fünf Minuten dauerte. Der Motor samt Steuereinheit selbst wog 13 Kilogramm. Prinzipiell waren die Verhältnisse bei diesen ersten Elektro-Flugtests ähnlich, wie sie sich heute bei Studien für stromgetriebene Verkehrsflieger darstellen.

Auch der erste elektrische Flug mit einem Verkehrsflugzeug am 18. August 2022 fand mit einem umgerüsteten Veteranen statt. Damals startete eine 1957 gebaute De Havilland Canada DHC-Beaver, ein üblicherweise siebensitziges Wasserflugzeug der im kanadischen Vancouver beheimateten Regionalgesellschaft Harbour Air, zum „ersten direkten rein elektrischen Punkt-zu-Punkt-Flug“, so die Airline. Dafür war der vorn angebrachte Pratt & Whitney P-985 Wasp Junior-Kolbenmotor gegen einen Magni-500-Elektromotor des US-Herstellers Magnix ausgetauscht worden, der 559 kW (750 PS) leistete. Der Flug dauerte 24 Minuten und legte 72 Kilometer zurück zwischen Fraser River bei Vancouver und Patricia Bay in der Nähe von Victoria, der Verwaltungshauptstadt von Vancouver Island. Er sei exakt nach Plan verlaufen, nach der Landung sei noch ausreichend Stromreserve vorhanden gewesen, teilte der Betreiber mit. Die Batterie lieferte der Schweizer Hersteller H55, gegründet von André Borschberg, einem der beiden Piloten des Solar-Impulse-Rekordflugs, der 2015/16 nur mit Sonnenenergie einmal die Welt umrundet hatte. Harbour Air will ab 2024 eine für den Passagierbetrieb zugelassene Elektro-Beaver für Linienflüge einsetzen, allerdings fasst diese Version nur vier Passagiere plus Pilot, die maximale Flugdauer beträgt 30 Minuten plus nochmals eine halbe Stunde Stromreserve. Ziel der kanadischen Gesellschaft ist es, ihre gesamte Flotte aus 40 Wasserflugzeugen – die größte in Nordamerika – elektrisch zu betreiben. Damit fliegt Harbour Air 13 Ziele im pazifischen Nordwesten der USA und Kanadas im Linienbetrieb an. Für den kommerziellen Flugbetrieb soll der verbesserte Magni-650-Motor mit 640 kW (850 PS) zum Einsatz kommen.

Erster Entwurf für das schwedische Elektroflugzeug ES-19, vorgestellt 2020. (Heart Aerospace)

Und wie sieht es bei den Flugzeugherstellern aus? Immer mehr von ihnen drängen mit elektrischen oder hybrid-elektrischen Entwürfen auf den Markt. Ein Problem bleiben die geringen Reichweiten: „Für rein elektrisches Fliegen geben die meisten Anbieter solcher Flugzeuge heute etwa 100 bis 500 Kilometer an, realistisch betrachtet wird aber keines davon weiter als 200 Kilometer fliegen, inklusive der nötigen Reserven. Dann wären sie wirklich schon sehr gut“, sagt DLR-Mann Enghardt. Diese engen Limits scheinen dem aktuellen Innovationstrend in dem Segment indes keinen Abbruch zu tun: „Weltweit sind aktuell etwa 215 Luftfahrzeuge mit Elektroantrieb in der Entwicklung“, schätzten die Analysten von Roland Berger bereits 2019, ein Großteil davon entfalle allerdings auf Zwei- bis Viersitzer der Kategorie Flugtaxis oder auf Sportflugzeuge. Nur rund 15 Prozent sind größere Flugzeugprojekte für Kurz- und Mittelstrecken.

„Aktuell werden wir Zeugen eines Innovationszeitalters, das wir in der Luftfahrt seit Jahrzehnten nicht mehr gesehen haben“, schwärmen die Berger-Berater. Auch hier stehen aber zunächst Umrüstungen bestehender Typen im Vordergrund. Ein etablierter Hersteller, der das tut, ist Tecnam aus Italien,

Exkurs:

Eviation Alice – das erste neue Elektro-Passagierflugzeug hebt ab

Auf dem Flughafen von Moses Lake im US-Bundesstaat Washington fand am 27. September 2022 eine Weltpremiere statt: der Erstflug des bislang einzigen, ausschließlich zum Flug mit Batteriestrom entwickelten Verkehrsflugzeugs – der neunsitzigen Alice. In die Luft gebracht wurde sie von der Firma Eviation, einem Start-up aus Israel, inzwischen ansässig im pazifischen Nordwesten der USA.

Der Weg bis dahin war steinig. Bereits 2019 hatte Eviation auf der Pariser Luftfahrtschau einen Prototyp präsentiert und damit großes Interesse geweckt – auch weil das Flugzeug anders aussieht und attraktiv wirkt. Das ästhetische Design hatte allerdings nicht das Ziel, Alice zum Hingucker zu machen, sondern die Flugeigenschaften zu optimieren: Sie ist nicht als typische Röhre mit angesetzten Flügeln und Leitwerk konzipiert, sondern sieht eher aus wie ein schlanker Wal mit scharf geschnittener, nach unten abgeflachter Nase, langen schmalen Tragflächen und einem in der Mitte breiten Rumpf, der sich nach hinten verjüngt. Die Rumpfform selbst sorgt für zusätzlichen Auftrieb, um mitzuhelfen, das Gewicht der Batterien in die Luft zu bekommen. Mehr als dreieinhalb Tonnen wiegen die Stromspeicher. Die Art, wie die Batteriepacks unter dem Kabinenboden und in den gerundeten Seitenwänden verstaut werden, lassen sie einen Beitrag zur strukturellen Festigkeit der Maschine leisten. Der in Paris gezeigte Prototyp hatte hinten ein v-förmiges Leitwerk, einen Druckpropeller sowie darunter ein Spornrad am Heck, außerdem zwei Propeller jeweils an den Flügelspitzen.

Noch bevor der in Frankreich gefertigte Prototyp erstmals abheben konnte, geriet er während eines Batterietests am Boden im Januar 2020 in Arizona in Brand und wurde zerstört. Das war eine schmerzvolle, aber wichtige Lektion, die zu einem Redesign der Stromversorgung führte, um sicherzustellen, dass eine einzelne brennende Batterie nicht mehr das gesamte Pack entzündet. Zugleich wurde das aerodynamische Design des Rumpfes stark vereinfacht. „Beim ersten futuristischen Entwurf für die Alice wollte Eviation alles aus der Flugphysik herausquetschen, etwa mit Wingtip- und Pusher-Propellern. Was sie jetzt allerdings an den Start bringen, ist sehr viel konventioneller und an den Anforderungen des realen Betriebs orientiert", urteilt Björn Nagel vom DLR.

Anstelle des Heckrads verfügt Alice nun vorn über ein konventionelles Bugrad; an Stelle des V-Leitwerks zuvor läuft der Rumpf jetzt hinten in ein T-Leitwerk aus. Daran hängen zwei Magni-650-Elektromotoren mit jeweils 634 kW (850 PS), die eine Reisegeschwindigkeit von 407 km/h ermöglichen sollen (der Prototyp flog 444 km/h schnell). Alle Parameter des neuen Designs sind weniger ehrgeizig als beim Ursprungsmodell – offenbar ein Lerneffekt –, die Reichweite sollte nun bei 815 Kilometern liegen, 185 Kilometer weniger als zuvor. Die Batterien bringen jetzt noch 820 kWh (statt 920 kWh) Leistung, wiegen dafür mehr als vorher (nun 3.720 Kilogramm statt zuvor 3.600 kg). Das maximale Startgewicht wurde von 6.668 Kilogramm auf 6.350 Kilogramm reduziert, bei einer maximalen Nutzlast von 1.134 Kilogramm.

Nach dem erfolgreichen Erstflug, der acht Minuten dauerte, senkte das Unternehmen die angepeilte Reichweite allerdings dramatisch ab – auf nur mehr 445 Kilometer. Die Batterien sollen mit 30 Minuten Ladezeit pro Flugstunde sechsmal schneller laden als beim schnellsten Tesla. Ihre Lebensdauer wird mit 1.000 Zyklen oder 3.000 Flugstunden angegeben. Ihr Austausch kostet etwa 250.000 US-Dollar, was die Hälfte der Betriebskosten ausmacht und mit der Überholung von Kolbenmotor-

Cockpit des ersten Prototyps der Eviation Alice auf der Luftfahrtmesse in Paris 2019. (Spaeth)

Kabineneinstieg in den ersten Prototyp der Eviation Alice 2019. (Spaeth)

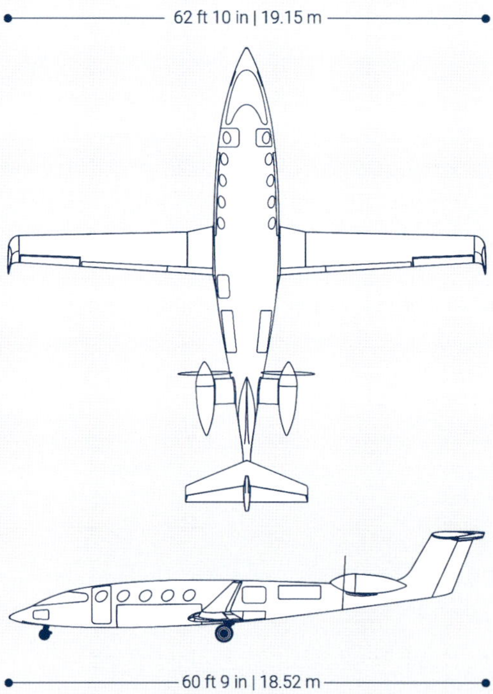

Die Eviation Alice und ihre Dimensionen – der kompakte Neunsitzer ist gut 17 Meter lang bei 19 Metern Spannweite. (Eviation)

Triebwerken vergleichbar ist. Eine typische Flugstunde soll dagegen mit nur 200 US-Dollar zu Buche schlagen. Das entspricht einem Drittel bis einem Fünftel des Preises einer Flugstunde für ähnlich große und teure Flugzeuge mit Kolbenmotoren. Mindestens 50 – 70 Prozent geringere Betriebskosten verspricht Eviation.

Erste Lieferungen an Kunden seien für 2027 geplant, „vorausgesetzt die Batterietechnik entwickelt sich so weiter, wie wir annehmen, und die Zertifizierung läuft planmäßig“, sagt Eviation-Chef Gregory Davis. Kunden gibt es einige: Erstkäufer war Cape Air aus dem Nordosten der USA mit 75 angekündigten Bestellungen, die Charterfirma GlobalX Airlines will 50 Maschinen haben, die Deutsche Post hat für DHL zwölf Frachtversionen der Alice bestellt, und auch eine deutsche Passagiergesellschaft gibt es in der Kundenliste bereits: Evia Aero, eine im Aufbau befindliche Regionalfluggesellschaft aus Bremen, hat eine Absichtserklärung zum Kauf von 25 Alice unterschrieben. Ende 2022 bekam Alice zudem Zuspruch von Air New Zealand, die 23 Exemplare für sich optioniert hat. „Alice passt mit ihrer bewährten Technik, die für Kurzstreckenflüge optimiert ist, perfekt in unsere Nachhaltigkeitsinitiative“, sagte deren CEO Greg Foran.

Ob der Enthusiasmus berechtigt ist, steht indes in den Sternen: „Die Annahmen, die Eviation für die Alice in ihren Entwürfen angibt, verstehen wir nicht. Wir sehen nur, dass die versprochenen Flugleistungen gemessen an der Flugzeugmasse, aber auch angesichts des Widerstands sehr optimistisch sind“, gibt Björn Nagel vom DLR zu bedenken. „Vielleicht haben die als Start-up Innovationen entwickelt, wie man verschiedene Dinge löst. Von außen lässt es sich nicht nachvollziehen, wie das genau funktioniert. Wir sind gespannt auf die Ergebnisse der Flugtests."

Die sollen von drei weiteren, noch zu bauenden Alice-Exemplaren absolviert werden. „Das erste wird ein weiterer Prototyp, die folgenden beiden Exemplare müssen schon den Regeln für Serienmaschinen entsprechen, sodass sie eine Verkehrszulassung erhalten", sagt Eviation-Chef Davis. „Dieser Prozess wird ein paar Jahre dauern, für das Testprogramm bis zur Zulassung planen wir 18 bis 24 Monate ein." Klar ist schon jetzt, dass die Evolution des Designs der Alice fortschreiten wird und die gegenwärtige Konfiguration noch nicht die endgültige ist. „Wir müssen das jetzige Flugzeug nehmen und davon lernen und die Veränderungen vornehmen, die nötig sind, damit wir es produzieren können und so auf den Markt bringen, wie es unseren Kunden am meisten nutzt", so Davis.

deren neun- bis elfsitziges, von einem Kolbenmotor angetriebenes Zubringerflugzeug Tecnam P2012 Traveller seit 2019 bei Fluggesellschaften von den USA bis auf die Seychellen im Einsatz ist. Gemeinsam mit Rolls-Royce entwickelt Tecnam daraus die elektrische Version P-Volt zunächst für den Erstkunden Widerøe in Norwegen. Auch eine Umrüstung bestehender P2012 Traveller auf Elektroantrieb soll möglich sein. Als Antrieb dienen zwei je 320 kW (429 PS) leistende Rolls-Royce-Motoren. Der Strom kommt aus Batteriepacks unter dem Rumpf, die 1.100 Kilogramm wiegen – mehr als ein Viertel des geplanten maximalen Startgewichts von 4.086 Kilogramm. Die Einbuße an Reichweite durch den Elektroantrieb ist extrem: Statt bis zu 1.760 Kilometer lange Strecken wie die P2012 Traveller, kann die P-Volt zunächst nur knapp 160 Kilometer weit fliegen – bis in die 2030er Jahre soll die Reichweite auf 270 Kilometer steigen. Die Reisegeschwindigkeit der P-Volt liegt mit 222 km/h fast 100 km/h unter der Leistung der Kolbenmotor-Version.

Auch in die im Herbst 2022 zum Erstflug gestartete Eviation Alice (→ Exkurs: Eviation Alice – das erste neue Elektro-Passagierflugzeug hebt ab) setzen Brancheninsider große Hoffnungen. Nach dem achtminütigen Erstflug senkte das Unternehmen die angepeilte Reichweite allerdings dramatisch ab – auf nunmehr 445 Kilometer, anstatt zuvor 815 Kilometer. Auch das ist nach Meinung von Experten noch äußerst großzügig bemessen. Etwas realistischer sind mittlerweile die Erwartungen bei Heart Aerospace in Schweden. Kurz nach der Konzeption ihres ersten elektrischen Flugzeugdesigns ES-19 konnte die

Die ES-19 war das verworfene, kleinere Ausgangsmodell von Heart Aerospace aus Schweden; Kunde United Airlines hat sich inzwischen für die größere ES-30 entschieden. (Heart Aerospace)

Firma 2021 Absichtserklärungen interessierter Airlines verbuchen, etwa von Finnair für 20 Flugzeuge und von United Airlines für bis zu 200 Exemplare. Während die ES-19 als 19-Sitzer mit vier Elektromotoren konzipiert war, die samt Batterien jeweils einzeln an den Tragflächen angebracht werden sollten, zeigten sich bald die Grenzen dieses Entwurfs. Doch im September 2022 verkündete das Unternehmen, anstelle der ES-19 nun einen 30-Sitzer mit Hybridantrieb zu entwickeln. 2028 soll die Maschine auf den Markt kommen. Zugleich wurde bekannt, dass sich neben Saab auch Air Canada an Heart beteiligt – als Teil einer Kaufvereinbarung über 30 Flugzeuge. Alle früheren Interessenten blieben ebenfalls an Bord, weitere Airlines kamen hinzu. Inzwischen gibt es vorläufige Vereinbarungen über die Lieferung von 96 ES-30 und Kaufoptionen für bis zu 400 Maschinen.

Die ES-30 ist beinahe doppelt so groß wie die ES-19 und 22,70 Meter lang; die Spannweite wuchs um ein Drittel auf 30,77 Meter. Aufgrund dieser Verlängerung ist es nötig, dass auf jeder Seite eine aus dem unteren Teil des Rumpfes ragende Strebe die Tragfläche stützt. Die Kabine ist jetzt breit genug für eine Konfiguration von 2+1 Sitzen je Reihe, bis zu 34 Passagieren soll sie Platz bieten. Unter dem Rumpf der ES-30 deutlich sichtbar ist jetzt eine boxartige Ausstülpung, in der die Batteriepacks untergebracht werden, die zuvor direkt an jedem einzelnen Motor angebracht werden sollten. Das Startgewicht der ES-30 soll bei etwa 20 bis 21 Tonnen liegen, rund ein Viertel davon bringen die Batterien auf die Waage. Während der primäre Antrieb aus Batterien stammen soll, womit die Reichweite auf 200 Kilometer begrenzt wäre, will Heart zusätzlich zwei Turbogeneratoren in der Größenordnung von 800 kW Leistung einbauen, die mit SAF betrieben werden und die Reichweite mit 30 Fluggästen auf 400 Kilometer verdoppeln sollen. Mit 25 Passagieren an Bord ließe sich die Reichweite dank des Reserve-Hybridantriebs nochmals verdoppeln.

Die Erwartungen an elektrisches Fliegen für das kommende Jahrzehnt gehen weit auseinander: „Elektroflugzeuge können im Vergleich zu mit fossiler Energie betriebenen Maschinen Reduktionen der CO_2-Emissionen von 49 bis 88 Prozent erreichen und um den Faktor 2,1 bis 3,2 effizienter im Reiseflug sein“, prognostiziert das ICCT. „Es müssen aber weitere Verbesserungen der Batterietechnik erreicht werden, damit die elektrische Luftfahrt machbar wird.“ Große Unternehmensberatungen und Hersteller sind etwas optimistischer: „Elektroantrieb wird die größte Revolution für die Luftfahrtindustrie seit den 1940er Jahren“, sagt Robert Thompson, Partner bei Roland Berger. Und Grazia Vittadini, Technologiechefin von Rolls-Royce, zuvor in gleicher Rolle bei Airbus tätig, betont: „Wir meinen es ernst mit dem elektrischen Fliegen und werden Schritt für Schritt sinnvolle Anwendungen dafür finden.“ Für sie zeichnen sich bis 2035 große Möglichkeiten ab: „Bis dahin werden wir Flugzeuge sehen, die voll elektrisch fliegen, bis hin zu 30-Sitzern.“ Das Rennen um Flugleistung aus der Batterie ist damit eröffnet.

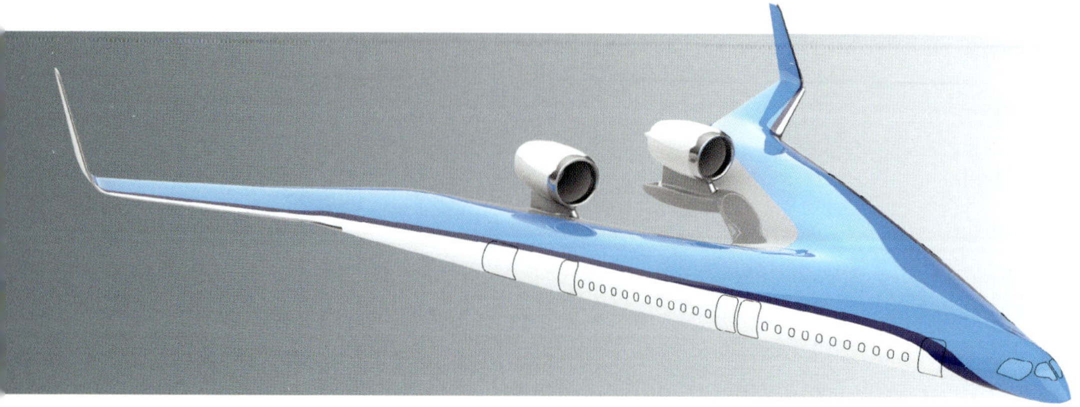

Nachhaltige Flugzeuge der Zukunft

Andreas Spaeth

Muss ein Zukunftsflugzeug futuristisch aussehen? Für Airbus steht das außer Frage. Zumindest der breiten Öffentlichkeit wird auf Luftfahrtmessen und bei anderen Anlässen seit Herbst 2020 immer wieder vor allem ein Flugzeug-Modell präsentiert, das eine Variante des damals vorgestellten Zero-E-Konzepts ist, aus dem bis 2035 der erste emissionsfreie Airbus hervorgehen soll. Vor allem aber: Er ist ein Hingucker, dieser Nurflügler. Manche nennen die aerodynamisch ultimative Form, die selbst für Auftrieb sorgt, einfach Flunder, Flying Wing oder Blended Wing Body (ungefähr übersetzt: in den Flügel integrierter Rumpf). Obwohl seit mehr als 100 Jahren kleinere Versionen solcher schwanzlosen Flugzeuge gebaut wurden, gab es eine solche Konfiguration aus vielen, immer noch triftigen Gründen noch nie als Verkehrsflugzeug. Auf Nachfrage räumen die Zero-E-Manager von Airbus ein: „Das wird niemals fliegen, aber es sieht sexy aus, deswegen zeigen wir das so." Es ist also ein Marketinginstrument für eine dringend notwendige Innovation, die wohl vermutlich am Ende nicht annähernd so attraktiv sein wird. Wie genau

Oben: Die TU Delft hat zusammen mit KLM den Nurflügler Flying V entworfen, der allein durch die Rumpfform 20 Prozent Treibstoff sparen soll. (TU Delft)

sie aussehen könnte, darüber zerbrechen sich gerade viele Wissenschaftlerinnen, Ingenieure und Studierende ihre Köpfe. Das ist auch deswegen schwierig, weil es eine Gleichung mit mehreren Unbekannten ist: Das wirklich Neue an so einem Flugzeug wird vor allem der Antrieb selbst und noch mehr dessen Energiequelle sein, während sich die Gesetze der Aerodynamik nicht verändern.

„Die Auswahl eines Energieträgers muss in der Luftfahrt zusammen mit der daraus resultierenden Flugzeugkonfiguration betrachtet werden", sagt Dieter Scholz, der sich als Professor an der Hochschule für Angewandte Wissenschaften (HAW) in Hamburg mit der Luftfahrt und ihrer Zukunft beschäftigt. Fest steht: Die Luftfahrtindustrie war bislang stets eher konservativ eingestellt. Radikale Pläne existierten allenfalls auf Papier oder als digitale Entwürfe, wurden aber nie verwirklicht. Zugleich brauchen solche Forschungsprojekte Aufmerksamkeit und öffentliche Gelder – und die lassen sich mit interessant aussehenden Entwürfen leichter generieren. Womit wir wieder beim Nurflügler sind, dessen Wert in der heutigen Aufmerksamkeitsökonomie man auch anderswo erkannt hat, etwa in den Niederlanden. Dort arbeitet seit einigen Jahren die Technische Universität Delft, unterstützt von KLM ebenso wie von Airbus, an einem Konzeptflugzeug und unternimmt erstmals praktische Versuche mit einem ungewöhnlichen Entwurf. Flying V heißt die Designstudie, ein Flugzeug in V-Form, das praktisch nur aus zwei Flügeln besteht. Diese Auslegung bewirkt eine sehr günstige Aerodynamik, da der gesamte Rumpf für Auftrieb sorgt und den Spritverbrauch senkt.

Bereits 1910 meldete der deutsche Flugpionier Hugo Junkers einen solchen Nurflügler zum Patent an. Seit den 1930er Jahren entwarfen und bauten etwa die deutschen Horten-Brüder einige Nurflügel-Flugzeuge. Für die Passagierluftfahrt wurde aber erst mit dem Airbus A380 klar, dass der Riese vermutlich das größte und letzte in diesen Dimensionen konventionell gebaute Verkehrsflugzeug mit Rumpf und Flügeln sein würde. „Das heutige Bauprinzip ist physikalisch ausgereizt, Flugzeuge von den Dimensionen einer A380 kann man auch mit neuesten Werkstoffen in der Größe nicht mehr verdoppeln", sagt der Hamburger Hochschullehrer und Industriedesigner Werner Granzeier, der sich ebenfalls seit Jahrzehnten mit Nurflüglern für den Passagiereinsatz beschäftigt. Bereits zu Beginn des Jahrtausends fanden unter seiner Leitung in Hamburg Flugtests mit dem Modell eines Blended Wing Body statt. 2014 hob auch in den Niederlanden erstmals ein verkleinerter Nachbau eines

Nurflüglers in V-Form zu Flugtests ab. Seitdem hat die TU Delft das Flugzeug weiterentwickelt. Im Juli 2020 folgte der nächste wichtige Meilenstein: Auf einem Militärflugplatz in Norddeutschland startete ein Modell des fliegenden V im Maßstab 1:5 zu einem Testflug, Spannweite gut drei Meter und 22 Kilo schwer. „Wir wollten der Welt beweisen, dass dieses Konzept nicht nur auf dem Papier funktioniert, sondern tatsächlich starten und landen kann", sagt Projektleiter Roelof Vos. Es ging um das Flugverhalten des aerodynamisch ungewöhnlichen Designs. „Das Flugzeug war gut zu kontrollieren, stieg schnell, aber der Schwerpunkt lag ein wenig zu weit hinten, was zu Instabilität bei der Manövrierbarkeit führte", berichtet Vos. Und es gab einen weiteren Rückschlag: „Das fliegende V ist schwierig zu landen, kam mit dem Bugfahrwerk zuerst auf, das bei der Landung abbrach."

Ganz bewusst wurde bei diesem Design die Messlatte nicht zu hoch gelegt. Das Original wird etwas kleiner als der Airbus A350, heute eines der modernsten und effizientesten Verkehrsflugzeuge. Das fliegende V kann heuti-

Technisch liegt der Entwurf Flying V auf dem Niveau des heutigen Airbus A350, Effizienzgewinn bringt einzig die Aerodynamik des Nurflüglers. (TU Delft)

Einer höheren Effizienz in der Luft könnte beim Flying V eine komplexere Bodenabfertigung gegenüberstehen. (TU Delft)

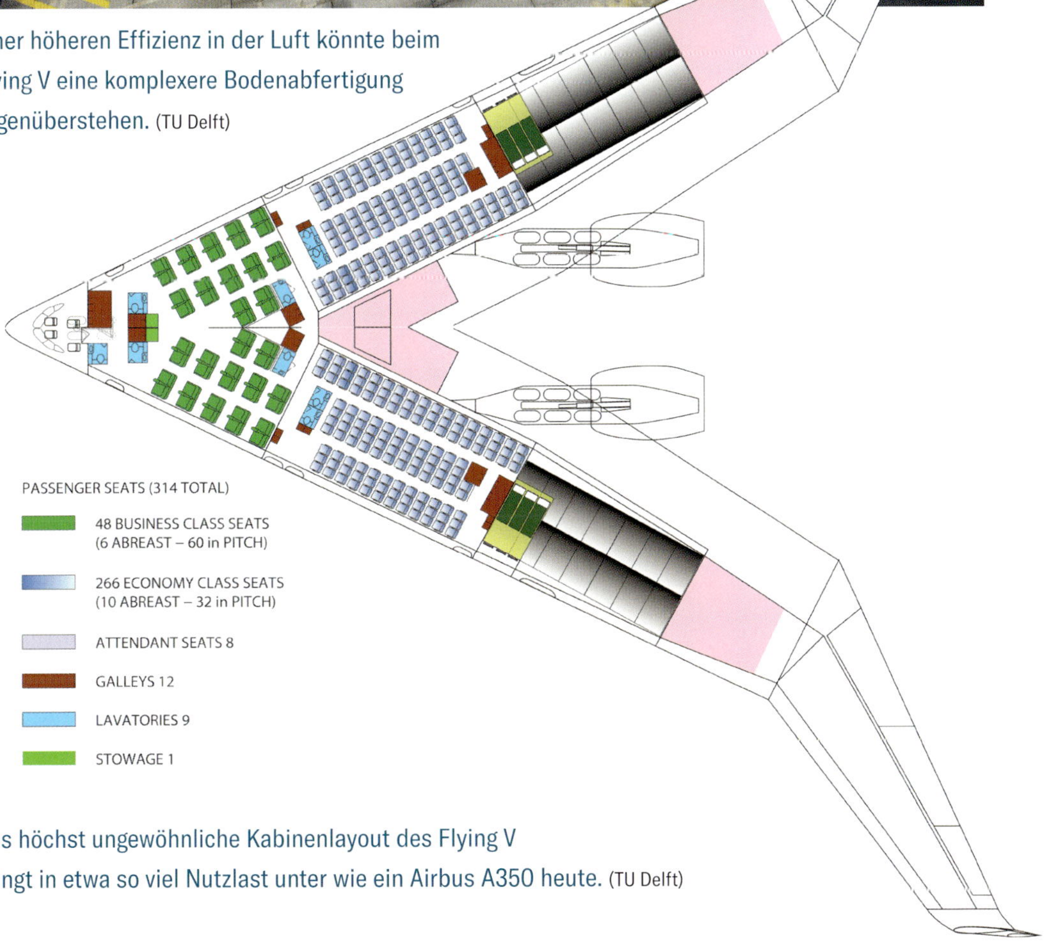

Das höchst ungewöhnliche Kabinenlayout des Flying V bringt in etwa so viel Nutzlast unter wie ein Airbus A350 heute. (TU Delft)

ge Flughäfen nutzen und dabei die gleiche Anzahl Passagiere und die gleiche Menge Fracht befördern – bei 20 Prozent weniger Spritverbrauch. „Die kommen allein vom Rumpf, vielleicht können wir durch Verbesserungen der Triebwerkstechnik weitere Effizienzgewinne erzielen", hofft Vos. „Flying V gibt uns interessante Möglichkeiten, die Energiequelle für den Antrieb zu überdenken und in das Flugzeug zu integrieren", ergänzt Daniel Reckzeh aus der Forschungs- und Entwicklungsabteilung bei Airbus. Mögliche Zukunftsantriebe wären Wasserstoff oder Brennstoffzellen. Wasserstoff benötigt riesige Tanks, die sich in konventionellen Jets schwer unterbringen ließen. „Das wäre im äußeren Bereich der Tragflächen des Flying V viel besser möglich als in den dünnen heutigen Flügeln", so Reckzeh. Airbus selbst pries im Rahmen des Zero-E-Konzepts für Wasserstoff-getriebene Flugzeuge zunächst die Nurflügler-Variante: „Das ist aerodynamisch das vorteilhafteste Modell zur Integration der Wasserstofftanks", sagte die damalige Airbus-Technologiechefin Grazia Vittadini (heute in gleicher Funktion bei Rolls-Royce), „aber das heißt nicht, dass es bei den anderen Parametern ebenfalls die optimale Lösung ist." HAW-Professor Dieter Scholz konstatiert: „Ein Nurflügler ist allenfalls bei Flugzeugen sinnvoll, die größer sind als die A380." Zudem gäbe es Stabilitätsprobleme bei dieser Art der Aerodynamik. Und selbst die Delfter Forscher räumen ein, dass

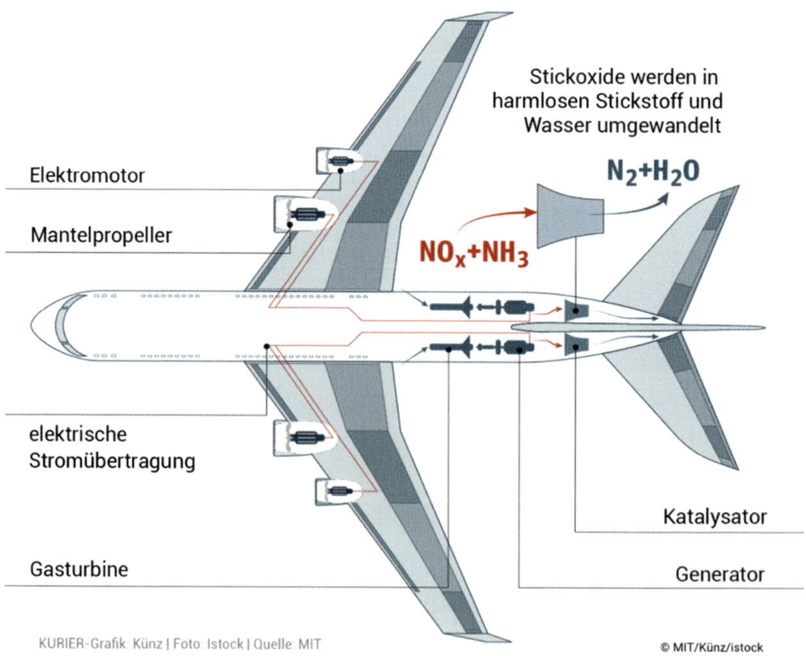

Schematische Darstellung eines hybridelektrischen Großraumflugzeugs.
(Archiv Spaeth)

vermutlich kein Flugzeug jemals so aussehen wird wie ihr Modell. Vor der Umsetzung eines vergleichbaren Konzepts wären noch 25 Jahre Forschung nötig, wobei die Entwicklung selbst etwa sieben Jahren dauere. Eine entscheidende Frage ist die Akzeptanz solcher Maschinen seitens der Passagiere, ohne die jede Einführung ohnehin chancenlos wäre. Daher hätte das fliegende V mit Fenstern vermutlich bessere Karten als radikalere, anfangs favorisierte Nurflügler-Entwürfe, die keine Sicht nach draußen bieten.

Fenster schaffen im Flugzeugbau strukturelle Herausforderungen und bedeuten mehr Gewicht. Den Herstellern wären fensterlose Flugzeuge daher recht, und auch der Chef von Emirates Airlines, Sir Tim Clark, hat sich wiederholt dafür ausgesprochen. Er machte sogar den Anfang und ließ in einigen First-Class-Abteilen im Zentrum der Kabinen der neuesten Boeing 777-300ER virtuelle Fenster mit Livebildern von zwei Außenkameras einbauen. Die fliegen schon seit 2017 im Liniendienst. Darin sehen inzwischen auch Forschende die Zukunft. Passagier-Umfragen zufolge seien der jüngeren Generation der Fluggäste, die mit dem Internet aufgewachsen ist, hochauflösende Bildschirme mit üppigem Unterhaltungsprogramm viel wichtiger als Fenster zum Hinausschauen. Diees Problem könnte sich also mittelfristig von selbst lösen.

In technischer und wirtschaftlicher Hinsicht gibt es beim Nurflügler ohnehin viele offene Fragen: „Die Passagiere müssen in einer Druckkabine sitzen, aber die Flugzeugform ist dafür besonders ungünstig. Man braucht also innen eine Röhre mit Kabinendruck, während man außen die aerodynamische Konturform hat“, sagt DLR-Forscher Björn Nagel, Direktor des Instituts für Systemarchitekturen in der Luftfahrt in Hamburg. „Ein normales Flugzeug folgt in seinen Dimensionen fast komplett der Druckkabine. Dass man wie beim Nurflügler einen inneren Druckkörper hat und eine Struktur, die man außen herum bauen muss, macht es schwieriger, die Maschine leichter zu machen als ein konventionelles Flugzeug.“ Auch deshalb und unter dem herrschenden Zeitdruck, schnell nachhaltige Lösungen zu präsentieren, entpuppt sich das Konzept zumindest in der aktuellen Diskussion eher als Effekthascherei. „Der Nurflügler ist das unwahrscheinlichste aller Zero-E-Konzepte“, sagte auch der für das Programm zuständige Airbus-Manager Glenn Llewelynn Ende 2022, „denn damit würde sich die für 2035 geplante Einführung des emissionsfreien Flugzeugs weiter hinauszögern.“

Dass sich das Erscheinungsbild der Flugzeuge künftig ändert, ist dennoch gut möglich: „Mit neuen Prioritäten von klimaneutralem Fliegen bis hin

Der Nurflügler unter den Zero-E-Entwürfen diente Airbus nur als Hingucker und wird nicht umgesetzt, obwohl sich das Konzept eignen würde. (Airbus)

zum Recycling gibt es andere Treiber für das Design von Flugzeugen und damit eine höhere Wahrscheinlichkeit, dass sie nicht mehr aussehen wie heute", sagt Björn Nagel. Gleichwohl mutet ein Entwurf für ein großes Elektroflugzeug der US-Firma Wright Electric äußerlich überraschend konventionell an. Dabei handelt es sich tatsächlich um ein revolutionäres Flugzeug, das eine Anzahl elektrisch angetriebener Mantelpropeller mit einem Auslass auf der Tragfläche sowie am V-förmigen Leitwerk aufweist. Partner ist der europäische Billigflieger Easyjet, der mit diesem Elektroflieger ab 2030 bis zu 186 Passagiere auf seinem innereuropäischen Streckennetz befördern will, so zumindest verkündete es die Airline werbewirksam. Wie viel Realitätsbezug in diesem Plan steckt, ist im Moment schwer zu beurteilen, entscheidend dürfte das von der Leistungs- und Speicherfähigkeit der Batterien abhängen (→ **Kapitel 5**).

Ein wenig fundierter Entwurf, der eher mit seiner Ausstrahlung als mit Machbarkeit punkten kann, ist das von Airbus in Großbritannien stammende „Bird of Prey"-Konzept. Getreu der Idee der Bionik, dass die Technik von der Natur lernen kann, imitiert der Entwurf die Mechanik des Vogelflugs, die Schwanz- beziehungsweise Heck- und Flügelstruktur umfasst individuell steuerbare Federn für die Flugsteuerung. Dass es sich um ein hybrid-elektrisches Turboprop-Flugzeug für Regionalflüge handelt, dürfte der Wahrheit am nächsten kommen. Denn genau in diesem Segment, wo auch heutige Batterien über kurze Flugdistanzen bereits eine realistische Perspektive bieten, werden im laufenden Jahrzehnt die ersten revolutionär neuen Flugzeuge ab-

Dieses „Bird of Prey"-Konzeptflugzeug von Airbus UK ist einem Raubvogel nachempfunden. Der unrealistische Entwurf diente allerdings nur der Personalwerbung. Gebaut wird solch ein Modell nicht. (Airbus)

heben. In Flugphasen mit starkem Energiebedarf wie Start und Steigflug würde dabei eine Gasturbine zusätzlich zum elektrischen Motor für den Antrieb verwendet, beides vermutlich mit Wasserstoff gespeist, der mit einer Brennstoffzelle auch in elektrischen Strom verwandelt werden kann. Der Raubvogel von Airbus wird allerdings so nie abheben, sondern soll jungen Ingenieuren und Ingenieurinnen einen Wow-Faktor liefern und sie inspirieren, eine Karriere in diesem Bereich – und in diesem Unternehmen – einzuschlagen.

Eine neue Flugzeuggeneration muss mindestens 20 Prozent effizienter sein als die vorherige, so die bislang gültige Devise der Zunft. Da dies durch den technischen Fortschritt für neue Familien typischer Mittelstreckenflugzeuge nicht gegeben schien, hielten Airbus und Boeing eisern an ihren jahrzehntealten Goldeseln A320 und 737 fest. Doch jetzt beginnt eine neue Runde von Antriebsinnovationen Fahrt aufzunehmen, die diesen Entwicklungsschritt und noch mehr an Effizienzgewinn ermöglichen könnten. Alle potenziellen Verbesserungen durch neue Antriebe kommen freilich nur zum Tragen, wenn es dazu als Plattform neue Flugzeuge gibt, die um neue Motoren herum entworfen wurden. „Um die nötige Schubeffizienz zu erzielen, ergibt es keinen Sinn, ein Triebwerk der nächsten Generation an ein altes Flugzeug zu hängen und dann zu erwarten, gute Leistungen zu erzielen“, sagt Arjan Hegeman vom Hersteller GE Aviation. Der betreibt zusammen mit der Firma Safran den Triebwerkhersteller CFM, der Antriebe für Flugzeuge wie die 737 und A320 liefert. Experimentierfreudig war CFM schon immer: Mitte der 1980er Jahre stellte man einen sogenannten Open-Rotor-Antrieb vor, der an einem Testflugzeug vom Typ McDonnell Douglas MD-80 erprobt wurde. Zwei offen daliegende, gegeneinander rotierende Kränze schwertförmiger Triebwerksschaufeln sahen spektakulär aus, brachten aber viele Probleme mit sich – von Lärm bis zu den Vibrationen. Fast dreieinhalb Jahrzehnte später könnte aus dem Nachfolgemodell nun der große Wurf werden, der als Antrieb eines für etwa 2030 zu erwartenden Nachfolgers der A320neo-Familie bereitstünde.

Unter dem Namen RISE stellte CFM Mitte 2021 einen neuen Open-Rotor-Antrieb vor, der mit nur einem rotierenden Kranz aus Karbonfaser-Schaufeln auskommt. „Diese offene Architektur eliminiert die gesamte Struktur um den Schaufelkranz herum und damit viel Gewicht und Widerstand, erzielt so die optimale Schubwirkung“, erläutert Hegeman. Auch der Durchmesser des nicht durch ein Gehäuse ummantelten Triebwerks schrumpfte auf knapp vier Meter, was dem Ausmaß heutiger Turbofan-Triebwerke inklusive Gehäuse

Mit dem RISE Open-Rotor-Konzept von Safran lassen sich spritsparende Triebwerke auf unterschiedliche Weise anbringen. (SAFRAN)

etwa bei der A320neo oder der 737 MAX entspricht. Damit wäre die Installation an einem Schmalrumpf-Flugzeug an mehreren Stellen möglich – am Heck oder unter den Tragflächen, sowohl bei einem Tief- als auch einem Hochdecker. Entscheidend ist, dass RISE mit allen Arten von Treibstoff läuft, ob mit SAF oder Wasserstoff. Das RISE-Triebwerk soll den Verbrauch um 20 Prozent senken, und das, so der Hersteller, sei nur eine Komponente der gesamten Effizienz des Konzepts. Mit weiteren Verbesserungen am Flugzeug selbst ließe sich bis 2035 der Gesamteffekt auf 30 Prozent mehr Effizienz gegenüber heutigen Modellen steigern.

Genau eine solche Effizienzverbesserung um 30 Prozent, die Anreiz genug dafür wäre, eine fundamentale Neukonstruktion zu wagen, versprechen NASA und Boeing in ihrem Anfang 2023 vorgestellten Konzept eines Sustainable Flight Demonstrators (SFD). Der Demonstrator soll spätestens 2028 als Versuchsflugzeug tatsächlich abheben, seine entscheidende Neuerung ist die transsonische Tragfläche, die sogenannte truss-brassed wing, die Boeing bereits in einem Projekt zehn Jahre erforscht und 2019 vorgestellt hatte. Die ultradünnen, durch Streben verstärkten und nach unten seitlich am Rumpf abgestützten Flügel in leichter Bauweise werden höher aufgehängt als bisher bei Schmalrumpf-Jets üblich. Das dient vor allem dazu, Platz zu schaffen für die Installation neuartiger und effizienterer Antriebe wie etwa dem Open Rotor. Durch die größere Flügelstreckung entsteht mehr Auftrieb; die aerodynamische Effizienz wird gesteigert. Nachteile gibt es dennoch: Diese Konstruktionsweise erhöht die Komplexität durch zusätzliche Verbindungsstücke und Lasteinleitung, aber auch durch Vibrationen (buffeting), möglichen Eisansatz und Platzprobleme am Boden. Denn die Spannweite wird deutlich größer als gewohnt sein: Eine Boeing-Studie von 2019 mit dieser Flügelkonfiguration sah 52 Meter vor, eine Boeing 737 misst dagegen nur rund 35 Meter. So oder so wird auch dieses Demonstrationsflugzeug, das Investitionen von 1,15 Milliar-

Boeing rüstet verschiedene Typen seiner Jet-Familie zu sogenannten Eco Demonstrators um, wie hier eine 777, und erprobt darin neue umweltfreundliche Technologien. (Boeing)

den US-Dollar erfordert, keineswegs zwingend dazu führen, dass Boeing oder ein anderer Hersteller ein solches Flugzeugdesign jemals in Serie baut.

Ein vielversprechendes Konzept für mehr Nachhaltigkeit könnten auch operative Änderungen im Luftverkehr darstellen, gepaart mit darauf abgestimmtem neuen Flugzeugdesign und eben Open-Rotor-Propellerantrieben. „Durch Umfliegen bestimmter Gebiete oder tieferes Fliegen könnte man

Das DLR hat eine „exact“ genannte Familie umweltfreundlicher Flugzeuge für die mittelfristige Zukunft entworfen mit SAF- und Wasserstoff-Antrieben. (DLR)

Nicht-CO_2-Effekte womöglich komplett vermeiden“, sagt DLR-Forscher Nagel. „Als Reiseflughöhen kämen dann 8.000 Meter anstelle von 10.000 Metern infrage. In geringerer Höhe herrscht allerdings ein höherer Luftwiderstand.“ Wenn man ein solches Flugzeug entwerfen und die Fluggeschwindigkeit etwas reduziere würde, um die höhere Reibung auszugleichen, etwa von Mach 0,8 auf Mach 0,6, könne man sehr gut offene Rotoren, also Turboprop-Triebwerke einsetzen, die sehr viel energieeffizienter seien. „Damit würde man im Vergleich zu heutigen Antrieben bis zu 30 Prozent Treibstoff einsparen. Mit der Kombination aus tieferem Fliegen und Turboprop-Antrieb ließen sich mindestens 65 Prozent der Klimawirkung eines Fluges vermeiden“, rechnet Nagel vor. Auch über den Entwurf eines dafür passenden Fluggeräts hat man sich beim DLR-Institut für Luftfahrt-Systemarchitekturen Gedanken gemacht: „Vom Flugzeugdesign her wäre ein Hochdecker nötig, damit die Propeller genügend Bodenfreiheit haben. Für ausreichend Kopffreiheit in der Kabine würde man die Tragfläche nicht durch den Rumpf laufen lassen, sondern sie

Exkurs:

Luftschiffe – Die Rückkehr der leisen Riesen

Lange Zeit galten sie als technisch überholt, waren zu behäbig und konnten zu wenig Nutzlast befördern – bis das Unternehmen Cargolifter Mitte der 1990er Jahre das Potenzial der Luftschiffe wiederentdeckte. Im brandenburgischen Outback wollte man eine neue Generation leistungsfähiger Transportluftschiffe bauen. Doch Missmanagement und Fehler in der Finanzplanung führten dazu, dass die Firma 2002 Insolvenz anmelden musste, bevor auch nur ein einziges Exemplar die Werkshalle verließ. Die gigantische Halle allein, heute ein Freizeitpark, verschlang Baukosten in Höhe von 150 Millionen DM, knapp ein Viertel des Geldes stammte aus der Staatskasse.

Dieses und andere Negativbeispiele aus der Vergangenheit haben findige Luftfahrt-Konstrukteure nicht davon abgehalten, weiterhin an der Rückkehr der leisen Riesen zu arbeiten. Im Zuge der fortschreitenden Entwicklung nachhaltiger Fluggeräte haben Ingenieure und Entrepreneure inzwischen eine neue Generation der so-

Schon ab 2026 soll der Airlander, ein elektrisch angetriebenes Luftschiff, zwischen dem spanischen Festland und Mallorca im Liniendienst eingesetzt werden. (Airlander)

Vor allem für den Cargo-Markt entwickelt: das Luftschiff H_2 Clipper des gleichnamigen US-Unternehmens. Voraussichtlicher Baubeginn ist noch in diesem Jahrzehnt.

genannten fliegenden Zigarren entworfen – nicht konventionell motorisiert, sondern mit elektrischem oder hybrid-elektrischem Antrieb.

In Europa ist derzeit die britische Firma Hybrid Air Vehicles (HAV) am weitesten. Schon 2025 soll deren Airlander 10 für die spanische Fluggesellschaft Air Nostrum zwischen Barcelona und Mallorca verkehren; voraussichtliche Flugzeit: 4 Stunden. Das Luftschiff bietet Platz für mehr als 100 Passagiere und zehn Tonnen Fracht. Die rund 100 Meter lange und 42 Meter breite Maschine habe eine Reisegeschwindigkeit von 130 km/h und eine Reichweite von 7.400 Kilometern.

Weiter und schneller könnte der H_2 Clipper fliegen. Das derzeit von der gleichnamigen kalifornischen Firma entwickelte Luftschiff soll ebenfalls ab 2025 fast 10.000 Kilometer mit einer Geschwindigkeit von 280 km/h zurücklegen und von Wasserstoff-Brennstoffzellen-Elektromotoren angetrieben werden. Die Nutzlast betrage 150 Tonnen – also fast das Doppelte der größten herkömmlichen Frachtflugzeuge. „Der Clipper ist für den Lastentransport auf Langstrecken ausgelegt“, erläutert Firmenchef Rinaldo Brutoco. „Großes Potenzial sehen wir etwa bei Frachtflügen zwischen China und den USA.“ Für die Strecke über den Pazifik bräuchte das Luftschiff knapp 36 Stunden. Abhängig vom künftigen Preis für Wasserstoff-Brennstoffzellen wäre der „Frachttransport mit dem Clipper bis zu 75 Prozent günstiger als heute – und zudem nahezu emissionsfrei." Ferner wolle man ab 2026 „eine große Anzahl Luftschiffe für den CO_2-neutralen Transport von grünem Wasserstoff einsetzen", so Brutoco. Auf der International Hydrogen in Aviation Conference 2021 in Glasgow nannte er den geplanten weltweiten Wasserstoff-Lieferdienst denn auch „Pipeline in the Sky".

Derweil hat das russische Airship Initiative Design Bureau sein Projekt Aerosmena infolge des Ukraine-Krieges vorerst auf Eis gelegt. Derzeit ist unklar, ob das futuristisch anmutende, an eine fliegende Untertasse erinnernde Fluggerät jemals gebaut wird. Die technischen Daten des geplanten Ufo-Zeppelins lesen sich jedenfalls beeindruckend: Mit einer Geschwindigkeit von maximal 250 km/h soll die Aerosmena-Modellreihe zwischen 20 und 600 Tonnen Fracht 8.000 Kilometer weit transportieren können und wird hybrid-elektrisch angetrieben.

Aktuell befinden sich rund ein Dutzend weitere Luftschiff-Typen im Entwicklungsstadium. Bei den meisten steht die Verwendung als Frachter im Vordergrund – auch weil Passagierflugzeuge schneller sind und es allenfalls einen Nischenmarkt für gemütliche Reisen im klimafreundlichen Zeppelin geben wird. Im Frachtsegment hätten Luftschiffe allerdings gute Chancen, der Containerschifffahrt einen Teil des Geschäfts streitig zu machen: Sie wären direkter von A nach B unterwegs und nicht auf die Infrastruktur von Häfen oder Flughäfen angewiesen.

Jens Friedrichs, Leiter der Arbeitsgruppe für Propulsoren an der TU Braunschweig, weist gleichwohl auf ein gravierendes Problem der Frachtluftschiffe hin: Beim Be- und Entladen müssen Auftrieb und Traggewicht präzise ausgeglichen werden, damit das Luftschiff nicht in Schräglage gerät und zu kentern droht. Die dafür geeigneten Verfahren seien entweder teuer – oder bislang nicht ausreichend erforscht. Überdies seien die mit Helium gefüllten fliegenden Hohlkörper im Betrieb recht störungsanfällig: Bei Sturm, Starkregen oder Schneefall reicht es nicht aus, sie an einem Mast festzubinden, man brauche einen großen Hangar, weil die Außenhaut der Luftschiffe sehr empfindlich ist.

aufsetzen. Der aerodynamische Nachteil ist bei der geringeren Geschwindigkeit marginal", so Nagel. „Ein Flügel mit größerer Spannweite wäre aerodynamisch besser und führte zu geringerem Verbrauch. Er würde das Flugzeug aber schwerer und teurer machen. Der Trend geht allerdings generell zu höheren Spannweiten."

Jenseits von elektrischem Strom und SAF als Energiequellen für nachhaltigeres Fliegen gilt grüner Wasserstoff (→ **Kapitel 4**) als primäre Lösung für die mittel- bis langfristige Zukunft der Luftfahrt. Daher ist die Frage, wie man gespeicherten Wasserstoff im Flugzeug unterbringt, von entscheidender Bedeutung für ihre Bauweise. Die für künftige Flugzeugkonstruktionen entscheidenden Parameter von Wasserstoff sind sein gegenüber Kerosin 3,4-mal größeres Volumen, aber auch die 2,8-fache Energiedichte gegenüber dem fossilen Brennstoff. Das heißt, dass Mittelstreckenflugzeuge gar nicht so revolutionär anders aussehen müssten als heute. „Wenn man mit Wasserstoff statt Kerosin fliegt, bräuchte man in einem Flugzeug der Größenordnung des Airbus A320 gar nicht viel mehr Volumen. Man müsste den Rumpf um etwa sechs Meter verlängern, um den Tank in den Rumpf zu integrieren, und würde die gleichen Flugleistungen mit Wasserstoff erreichen. Anders gesagt: Man bräuchte etwa den Rumpf einer A321, um so viele Passagiere mit Wasserstoff zu transportieren, wie heute in eine A320 passen", sagt Nagel. „Da Wasserstoff sehr leicht ist, wiegt eine volle Ladung Kraftstoff in einer A320 etwa zehn Tonnen weniger als das sonst getankte Kerosin." Zudem müsse der Wasserstofftank gut isoliert sein. Und weil die Isolierung schwer sei, suche man nach Formen mit möglichst geringer Oberfläche, die isoliert werden müssen. „Die ideale Form wäre eine Kugel: Je länglicher und flacher ein Tank ist, desto ineffizienter wird die Form, um den Wasserstoff unter drei bar Druck zu setzen und konstant auf minus 253 °C zu kühlen. Aus Sicherheitsgründen strebt man an, zwei kugelförmige Tanks an Bord zu haben, die in Rumpfverlängerungen untergebracht werden."

Auch bei Airbus hat sich diese Erkenntnis durchgesetzt. „Der Trend geht zur Installation von zwei Wasserstofftanks hinter Passagierkabine und Druckschott, das ergibt am meisten Sinn", sagt Glenn Llewelynn, Chef des Zero-E-Programms bei dem Hersteller. Dabei gilt es, bereits beim Entwurf des Flugzeugrumpfs spätere Notwendigkeiten zu berücksichtigen: „Ein Wasserstofftank muss wegen der fortschreitenden Materialermüdung im Laufe eines Flugzeuglebens vermutlich einmal ausgetauscht werden. Daher müssen die Flugzeuge so konstruiert werden, dass das reibungslos funktioniert – durch die Kabinentüren passen solche Tanks nicht", sagt DLR-Experte Nagel.

Während bislang bei allen Entwürfen nachhaltiger Flugzeuge Schmalrumpf-Konzepte in der Größenordnung von A320 oder Boeing 737 für Mittelstrecken im Vordergrund standen, stellt sich zudem die Frage nach neuem Langstreckengerät. An solchen Konzepten hapert es allerdings derzeit – selbst bei konventionellen Typen. Vor allem Emirates Airlines als derzeit weltgrößter Betreiber von mehr als 100 Airbus A380 beklagt sich, dass ihre Forderungen nach Nachfolgemodellen etwa für die nicht mehr produzierten A380 und Boeing 747 von keinem Hersteller aufgegriffen werden. Klar ist, dass sich Langstrecken auch in fernerer Zukunft aufgrund der mangelnden Batteriekapazitäten nicht elektrisch, vermutlich nicht einmal hybrid-elektrisch werden betreiben lassen. So läuft es mittelfristig darauf hinaus, dass die Verbrennung von SAF statt herkömmlichem Kerosin die einzige Methode sein wird, Fernflüge nachhaltiger zu machen. Dabei reist nur ein Zehntel aller Passagiere weltweit auf Strecken von mehr als 3.500 Kilometern und länger, was allerdings für 35 bis 40 Prozent des Gesamtverbrauchs an Flugtreibstoff sorgt. Für die Flugzeughersteller sollte es daher eine höhere Priorität haben, dieses Segment künftig nachhaltiger zu bedienen. Und das, obwohl voll ausgelastete Großraumjets wie die neue Boeing 777-9 ohnehin umwelteffizienter fliegen. Mit etwas mehr als maximal 400 Passagieren ist sie das derzeit größte produzierte Verkehrsflugzeug und steht ab 2025 auch bei Lufthansa und Emirates im Einsatz.

Interessanterweise ist die grundlegende Erkenntnis, dass als alternative Energie für Langstreckenjets Wasserstoff infrage kommt, nicht neu. Schon 1976 entwarfen die Lockheed-Werke einen doppelstöckigen 400-Sitzer, dessen Rumpfquerschnitt damals der drei Jahrzehnte später eingeführten A380

United Airlines hat in Zeroavia, einen Hersteller von Wasserstoff-Elektro-Hybridtriebwerken investiert, mit dem Ziel, Regionaljets umzurüsten. (United)

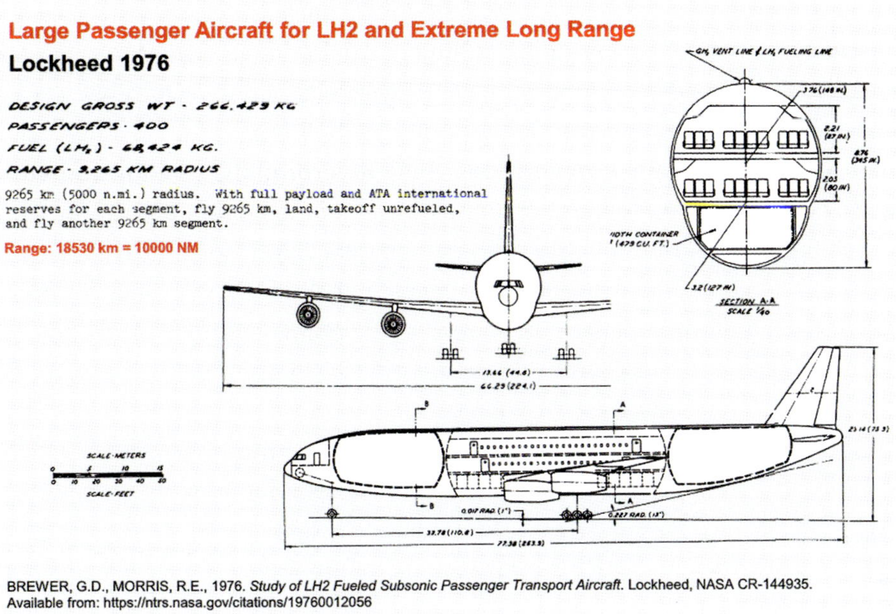

Schon 1976 hatte Lockheed einen Entwurf vorgelegt, wie ein doppelstöckiges Großraumflugzeug mit Wasserstofftanks aussehen könnte. (HAW)

ähnelte. Nur eben mit zwei voluminösen Wasserstofftanks vorn und hinten, die mehr als die Hälfte des gesamten Rumpfvolumens ausfüllten. Der Thinktank Bauhaus Luftfahrt hat 2019 ebenfalls ein Konzept für ein künftiges wasserstoff-getriebenes Großraumflugzeug für Interkontinentalflüge entwickelt. „Dafür sind kryogene Tanksysteme für flüssigen Wasserstoff am vielversprechendsten", so die Erkenntnis der Forschenden. Ihr Flugzeugentwurf gleicht beim Rumpf der A380 mit zwei durchlaufenden Passagierdecks übereinander plus einem Unterflur-Frachtraum. Die zwei Wasserstofftanks sind im Vergleich zum Lockheed-Entwurf aus den 1970er Jahren deutlich geschrumpft, aber weiterhin vorn und hinten im Rumpf positioniert. „Eine Absenkung der Fluggeschwindigkeit auf Mach 0,7 ermöglicht eine deutliche Energieeinsparung", heißt es bei Bauhaus Luftfahrt. Das bedeutet, die Reisegeschwindigkeit würde auf rund 860 km/h verringert. Das heute schnellste Verkehrsflugzeug, die Boeing 747-8, fliegt mit bis zu Mach 0,855 (ca. 1.055 km/h).

Die Absicht ist aber, trotz der Wasserstofftanks im Rumpfinneren weiterhin 400 Passagiere befördern zu können, um die Transportleistung auf dem Niveau heutiger Großraumjets zu halten. Der Rumpfquerschnitt des Entwurfs ist gegenüber der A380 stark vergrößert, um weiterhin ausreichend Kabinenfläche zu bieten, was laut Bauhaus Luftfahrt den Treibstoffverbrauch um neun Prozent erhöht. Aufgrund des insgesamt geringeren Gewichts sei ein Wasserstoff-Flugzeug dieser Größenordnung beim Energiebedarf dennoch etwa mit einer A380 vergleichbar. Das geringere Gewicht resultiert zunächst daraus, dass Wasserstoff wesentlich leichter ist als Kerosin, aber auch aus den im Vergleich zu den Riesenflügeln einer A380 geradezu winzigen Tragflächen, die keine Tanks aufnehmen müssen. Hier hofft Bauhaus Luftfahrt auf weitere Synergien. „Der tanklose Flügel und die niedrige Machzahl der Geschwindigkeit ermöglichen zudem die Nutzung neuer Technologien, etwa

Der Entwurf eines wasserstoffgetriebenen Propellerflugzeugs im Rahmen des Zero-E-Programms von Airbus sah vor, dass Einheiten mit Antrieb, Propeller und Tank modular an den Tragflächen ausgetauscht werden könnten. (Airbus)

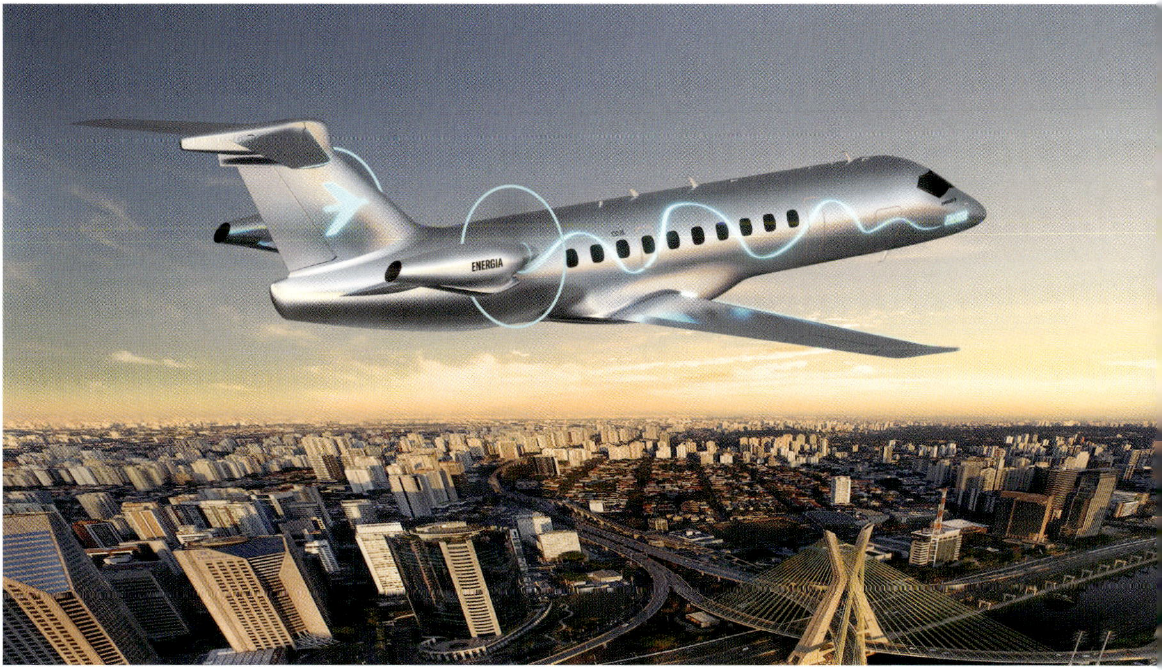

Der brasilianische Flugzeughersteller Embraer arbeitet an einer Konzeptfamilie für emissionsfreie Flugzeuge namens Energia, hier ein 30-Sitzer mit Wasserstoffantrieb. (Embraer)

eines laminaren oder aktiv zugeschnittenen Flügels sehr hoher Streckung." Den Antrieb selbst besorgen zwei Gasturbinen, die unter den Tragflächen hängen und flüssigen Wasserstoff verbrennen, plus ein sogenannter Rumpfpropulsor: ein ummanteltes Triebwerk, welches hinten am Heckkonus unter dem Leitwerk angebracht ist.

Es ist ein Annäherungsprozess, den Wissenschaft und Luftfahrtindustrie durchlaufen, um letztlich zu definieren, in welche Flugzeuge wir in zehn oder 15 Jahren einsteigen werden, zumindest auf Kurz- und Mittelstrecken. Bis auf die Ideen vom Bauhaus Luftfahrt wird das Langstreckensegment vernachlässigt, obwohl dort weder Elektroantriebe übernehmen können noch alternative Verkehrsmittel wie die Bahn eine Rolle spielen. „Wir fangen mit einer bekannten Flugzeugkonstruktion an und schauen, wie man einen Wasserstofftank bauen müsste für ein Flugzeug, das wir eigentlich schon kennen. Dann prüfen wir, wie man das besser integrieren kann", erläutert Björn Nagel vom DLR den Prozess. „Dazu schauen wir Nurflügler an, finden heraus, ob man Wasserstofftanks oben am Rumpf anbringen kann oder an Gondeln unter den Tragflächen aufhängt – eine interessante Variante. Das ließe sich je nach Streckenlänge eventuell flexibel handhaben mit einem modularen System von Pods unter den Flügeln, die man bei Bedarf zusätzlich zum Rumpftank verwendet."

Schaut man sich die gegenwärtig veröffentlichten Entwürfe an, von möglichen Zero-E-Varianten bei Airbus bis zu den diversen Studien von Universitäten, dem DLR und anderen Forschungseinrichtungen sowie dem Ende 2022 von Embraer vorgestellte Energia-Flugzeugkonzept, so zeichnen sich zumindest einige Trends ab: Reihum verschwinden die heutigen Jet-Triebwerke unter den Flügeln und werden ersetzt durch Open-Rotor-Propellerantriebe, die meist am Heck der Flugzeuge angebracht sind, alternativ unter den Tragflächen von Hochdeckern. Wegen der Propellergröße sieht man sie nur vereinzelt unter den Flügeln eines Tiefdeckers hängen. Nagels Prognose: „Als erstes neues Flugzeug wird es eines für Mittelstrecken als Nachfolger der A320 und Boeing 737 geben. Das könnte vermutlich mit zwei Open-Rotor-Turbopropantrieben mit sehr großem Durchmesser ausgestattet sein und würde relativ unspektakulär aussehen, so ähnlich wie die Turboprops, die wir kennen, aber mit sehr großer Spannweite." Futuristische Varianten wird es in absehbarer Zeit nirgends am Himmel geben, und auf Nurflügler werden wir, wenn sie überhaupt je in den Bereich der Verkehrsflugzeuge vordringen, lang warten müssen. „Im Prinzip sprechen wir von einer Kreuzung der heutigen ATR-72-Turboprop mit einem Airbus A321, die über die Passagier-Kapazität einer A320 verfügt", glaubt Nagel. „Durch den Turboprop-Antrieb lassen sich 30 Prozent Energieeffizienz herausholen, daher ist diese Konfiguration sehr wahrscheinlich. Die Frage ist, ob dieses künftige Flugzeug mit SAF oder Wasserstoff betrieben wird." Was aus all diesen Studien und Prognosen wird, sehen wir womöglich schon innerhalb eines Jahrzehnts auf einem Flughafen in unserer Nähe.

Was Airlines und Passagiere für klimaneutrales Fliegen tun können

Andreas Spaeth

Fluglärm, Sicherheit und günstige Tickets – das waren jahrelang die Hauptthemen, wenn öffentlich über Luftfahrt diskutiert wurde. Doch 2019 avancierte plötzlich die sogenannte Flugscham binnen weniger Monate zum geflügelten Begriff, ein in Schweden geprägtes Modewort. Seitdem hat sich der Fokus des Diskurses gründlich gewandelt – die Frage, wie nachhaltig die Fortbewegung durch die Luft ist, steht nun im Vordergrund. Kaum ein Tag vergeht, ohne dass eine Fluggesellschaft neue Pläne verkündet, um das Fliegen angeblich klimafreundlicher oder gar klimaneutral zu machen, getrieben durch strenge Klimaziel-Vorgaben etwa der EU. Selbst während der Pandemie, als zeitweise sogar Branchenschwergewichte wie die Lufthansa ums Überleben bangen mussten, blieb das Thema stets weit oben auf der Agenda. „Nachhaltig", „CO_2-neutral" und „verantwortungsbewusst" sind die meistgenannten Begriffe in dem neuen Wettstreit. Ein Branchenportal schrieb treffend: „Nachhaltig ist das neue Billig im Airline-Marketing."

Klar ist: Fliegen schadet dem Klima. Wir fliegen viel zu viel, auch wenn etwa in Deutschland und den USA nicht einmal die Hälfte der Bevölkerung in ein Flugzeug steigt, der Rest dafür aber umso häufiger. Ein Prozent der Weltbevölkerung sorgt dabei für 50 Prozent des CO_2-Ausstoßes der gesamten Verkehrsluftfahrt. Um das Gewissen zu beruhigen, bieten Airlines und Touristikunternehmen ihren Kunden immer mehr Möglichkeiten, die Auswirkungen zumindest abzumildern – durch Ausgleichszahlungen für die verursachten CO_2-Emissionen (→ Kapitel 2, Exkurs: CO_2-Kompensationen). Die Idee der Kompensation beschränkt sich meist auf: Bäume pflanzen, SAF kaufen oder energieeffiziente Öfen in Afrika subventionieren, um anderswo CO_2 zu vermeiden. Manche Wissenschaftler kritisieren das System scharf: „Um brutal ehrlich zu sein: Kompensation ist Betrug“, sagt etwa Kevin Anderson, Professor für Energie und Klimawandel in Manchester. „Sobald sie etwas ausstoßen, verändern sie das Klima.“

Niederländische Klimaaktivisten reichten daher 2022 gegen KLM vor Gericht Klage ein wegen „hochgradig irreführender“ Behauptungen in ihrer Nachhaltigkeitskampagne „Fly Responsibly“. Die Kläger argumentieren, „Flugemissionen können nicht kompensiert werden, wenn Kunden einfach extra bezahlen, um Bäume zu pflanzen oder Geld geben für falsche Lösungen, die die Branche nachhaltige Flugtreibstoffe nennt. Mit solchen Botschaften streut KLM weiterhin Sand in unsere Augen.“ Über die Klage wurde bis Ende 2022 noch nicht entschieden. Tatsache ist gleichwohl, dass die Öffentlichkeit Behauptungen der Luftfahrtbranche in Sachen Klima heute sehr intensiv durchleuchtet. Das zeigte sich etwa in Österreich, wo der Werberat im Sommer 2022 Austrian Airlines der „Irreführung“ durch eine Werbekampagne überführte. Geworben hatte die Gesellschaft mit einem CO_2-neutralen Flug nach Venedig, bei dem 100 Prozent SAF genutzt würde, was aber noch gar nicht zertifiziert ist. Die Antragsteller argumentierten auch, dass SAF nicht CO_2-neutral sei – der Werberat stimmte den Einwänden zu.

Seit einigen Jahren gerieren sich manche Fluggesellschaften als besonders proaktiv in Sachen Klimaschutz. Sie leisten für die Flüge aller Passagiere automatisch Ausgleichszahlungen – und schlagen die Kosten auf die Ticketpreise auf. Zwischen November 2019 und dem Jahresende 2022 zahlte etwa Easyjet bei allen Flügen die Kompensation gleich mit. Rund 30 Millionen Euro plante die Gesellschaft pro Jahr ein, um pauschal den gesamten CO_2-Ausstoß der Jets zu kompensieren; genaue Summen oder die Berechnungsgrundlagen wurden freilich nie genannt. Easyjet-Kunden mussten trotz vermeintlicher Rundum-Kompensation nicht draufzahlen und bemerkten keine Mehrbelastung, denn verteuert wurden die Tickets nicht, betonte die Gesellschaft. Auch bei Air France sind seit 2020 alle Inlandsflüge automatisch kompensiert. Das sollte bereits im ersten Jahr 40 Millionen Euro kosten, dafür wurden in dem Jahr durch das Programm „Trip and Tree“ in 25 Projekten auf vier Kontinenten mehr als 200.000 Bäume gepflanzt. KLM dagegen betankt alle auf ihrem Heimatflughafen Amsterdam startenden Flüge generell zu einem geringen Prozentsatz mit SAF und hat dafür die Preise entsprechend erhöht.

Inzwischen haben die Airlines jedoch gelernt, dass mit den schon jahrelang und meist eher versteckt angebotenen Möglichkeiten zur Ausgleichszahlung wenig erreicht wird. Anfang 2022 veröffentlichten Wissenschaftler eine Feldstudie, basierend auf mehr als 63.000 Online-Buchungen einer Airline, in der die Bereitschaft der Kunden untersucht wurde, freiwillig für die Kompensation zu zahlen. Das Ergebnis war ernüchternd. Bei nur 4,46 Prozent der Buchungen wurde kompensiert. „Sehr offensichtlich lassen unsere Daten den Schluss zu, dass die Kompensation der eigenen Emissionen nicht zur Priorität im Verhalten der meisten Passagiere gehört“, so das Fazit der Studie. Zudem läge die mittlere Bereitschaft für eine Ausgleichszahlung bei etwa einem Euro, während der Preis im Emissionshandel der EU bei etwa 85 Euro liegt und eine Tonne CO_2 mit 30 Euro zu Buche schlägt. „Diese extreme Differenz zeigt, dass freiwillige Kompensation vermutlich kein bedeutsames Element zum Ausgleich der aus der Verschmutzung resultierenden Kosten sein kann“, so die Studienautoren.

Jüngst ist die Wahrnehmung solcher Angebote aber gestiegen. Bei Lufthansa und anderen Anbietern lag die Quote der freiwillig kompensierenden Kunden 2019 noch bei weniger als 0,1 Prozent. Die Frage nach einer freiwilligen Ausgleichszahlung erscheint dagegen inzwischen sehr auffällig am Ende des Buchungsvorgangs online, kurz vor der Bezahlung – und nicht nur als Link zum Lufthansa-Partner Compensaid auf einem Banner wie früher. Für einen Flug Hamburg-Frankfurt und zurück berechnet die Organisation (mit online abrufbaren, ausführlich beschriebenen Grundlagen) einen Ausstoß von 134 Kilogramm CO_2. Dafür gibt es drei Angebote – 2,70 Euro, 25,54 Euro oder 116,82 Euro, je nachdem, ob man langfristig durch Klimaprojekte, mittelfristig durch einen Mix von Projekten mit SAF oder kurzfristig nur mit SAF kompensieren will. Die vollständige Kompensation durch SAF wird lediglich im Europanetz angeboten. Ende 2022 kompensierte dann immerhin einer von 100 Lufthansa-Passagieren, die Fluggesellschaft verbucht das als Erfolg, nachdem es drei Jahre zuvor nur einer von 1.000 Kunden war. Damals gab es so wenige Passagiere, die sich für die teuerste Variante entschieden, dass Lufthansa-Chef Carsten Spohr unkte: „Die könnte ich alle einzeln per Handschlag

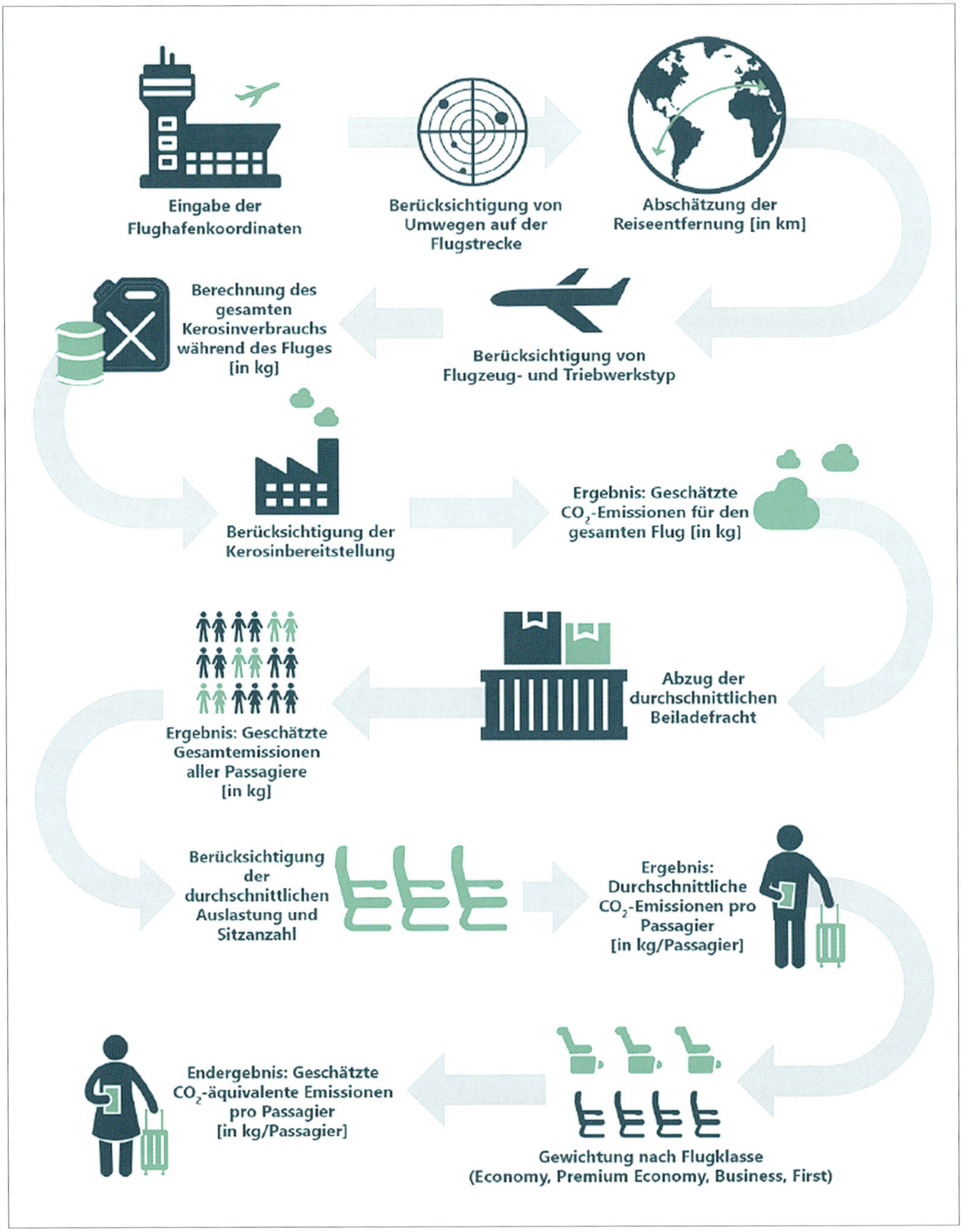

So berechnet der Anbieter Compensaid, mit dem Lufthansa zusammenarbeitet, die geschätzten CO_2-äquivalenten Emissionen pro Passagier, nach denen sich die freiwillige Ausgleichszahlung bemisst.

(Compensaid)

begrüßen.“ Heute sagt Spohr: „85 Prozent unserer Kunden sind der Meinung, wir sollen Ausgleichsmöglichkeiten anbieten. Wenn also 84 Prozent sagen, wir sollen es anbieten, es aber nicht nutzen, dann müssen wir uns fragen, welche Möglichkeiten haben wir noch?“

Auch Kunden aller anderen Airlines können bei Compensaid Ausgleichszahlungen für ihre Linienflüge leisten, obwohl das Portal von Lufthansa betrieben wird: Passagiere geben mit Flugnummern und Buchungsklassen ihren Reiseplan ein und entscheiden per Schiebeschalter wie lange es dauern soll, bis die entstehende CO_2-Emission ausgeglichen ist. Auf der linken Seite des Schiebers durch Kauf von CO_2-neutralem, synthetischem Bio-Treibstoff, der heute erst in kleinen Mengen verfügbar und viel teurer ist als übliches Kerosin. Und auf der rechten Seite mit Unterstützung für ein Klima-Projektportfolio. Zwischen beiden Varianten lassen sich die Anteile und damit der zu entrichtende Preis von null bis 100 Prozent pro Seite festlegen. Für einen Flug von Frankfurt nach Kapstadt und zurück weist Compensaid eine Emission von 1,28 Tonnen CO_2 aus. Die lassen sich entweder innerhalb von zehn Jahren kompensieren, wenn man für 25,58 Euro Klimaschutzprojekte unterstützt. In Kooperation mit der Klimaschutz-Stiftung Myclimate gehören derzeit 14 Projekte in neun Ländern auf vier Kontinenten zu den Nutznießern, von einer Mooraufforstung in Schleswig-Holstein bis hin zur Bereitstellung von energieeffizienten Kochern in Madagaskar oder Ruanda. Alternativ können Reisende die Klimawirkung ihres Kapstadt-Flugs auch für 982,27 Euro sofort kompensieren, indem sie den für ihren Fluganteil benötigten Treibstoff als SAF kaufen.

Das klingt sauber und nachvollziehbar – doch ein grundsätzlicher Punkt der Kritiker bleibt: Kein Portal, auch nicht Compensaid, berücksichtigt die erheblichen Nicht-CO_2-Klimaeffekte (→ Kapitel 1) der Flüge. Allerdings setzen sich Compensaid und ihr Partner Myclimate mit dieser Frage explizit auseinander. Es gebe indes noch zu viele Unsicherheiten in der Forschung. Zudem sei die Vergleichbarkeit sehr schwierig, da etwa Wolkenbildung durch Kondensstreifen innerhalb von Minuten oder Stunden geschähe, Auswirkungen aktueller CO_2-Emissionen aber erst in 100 Jahren spürbar seien. Auch die Weltluftfahrtorganisation ICAO habe dafür noch keine Berechnungsgrundlage. „Sollten durch wissenschaftliche Fortschritte geeignetere Faktoren für Nicht-CO_2-Auswirkungen des Luftverkehrs gefunden werden“, würde man gegebenenfalls diese Faktoren des Klimaeffekts der Luftfahrt berücksichtigen, erklären die Organisationen.

Generell streiten Umweltaktivisten und Luftfahrtbranche darüber, was überhaupt die Kompensation einer Tonne CO_2 kosten soll. Viele Anbieter berechnen dafür einen Euro, seriöse Ausgleichs-Portale wie Atmosfair setzen allerdings 23 Euro pro Tonne an, Myclimate 22 Euro und Klima-Kollekte 25 Euro. Auch Easyjet setzte sich mit ihrer Kompensation der Kritik aus, nachdem kalkuliert werden konnte, dass die Airline nur rund 30 Cent pro Passagier aufgewendet hatte. Ein Sprecher betonte, die Kompensationsanstrengung sei aber so groß, dass Easyjet damit zehn Prozent des Marktes an freiwilligen Ausgleichszahlungen besetzt habe. Nach Ende der automatischen Kompensation gibt sich der Billigflieger nun zufrieden mit dem Erreichten: „Bis Jahresende 2022 wurden zwölf Millionen Tonnen CO_2 kompensiert, das war bei der

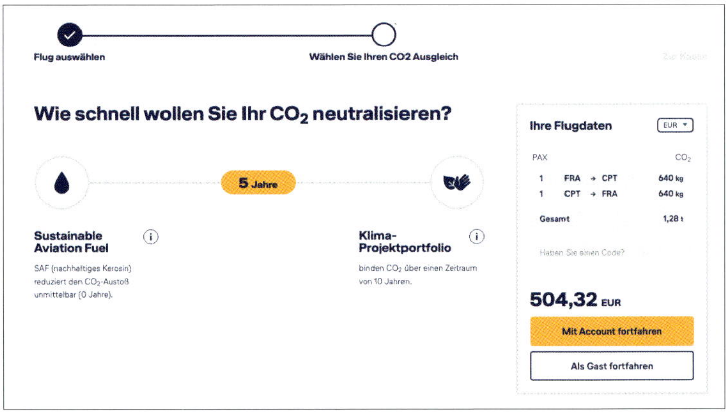

Beim CO_2-Ausgleich bietet Lufthansa Passagieren die Möglichkeit, selbst festzulegen, wie schnell die Emission neutralisiert sein soll. Hier innerhalb von fünf Jahren am Beispielflug Frankfurt-Kapstadt. (Lufthansa)

Auf einem Hin und Rückflug Frankfurt-Kapstadt kostet der sofortige Ausgleich durch den Kauf von SAF in diesem Beispiel 982 Euro extra. (Lufthansa)

Lässt man sich zehn Jahre Zeit, bis die Neutralisierung erreicht sein soll, kostet der Ausgleich über ein Klima-Projektportfolio in diesem Fall nur 25 Euro. (Lufthansa)

Einführung im Herbst 2019 das Kraftvollste, was wir tun konnten", sagt Jane Ashton, Nachhaltigkeitschefin bei Easyjet. Nach drei Jahren allerdings war Schluss. „Wir haben unser Kompensationsprogramm immer als Übergangsschritt verstanden", so Ashton, jetzt gehe es nicht mehr nur um Kompensation, sondern vor allem um das Vermeiden von Emissionen.

Auch die Easyjet-Managerin weiß, dass bislang sehr wenige Passagiere die Optionen zur Kompensation nutzten. „Es gab einen Unterschied zwischen grünen Ansprüchen und dem eigenen Handeln – der wird aber kleiner", so ihre Beobachtung. Da bei anderen Fluggesellschaften meist weniger als zwei Prozent der Kunden freiwillig zahlten, bezweifelt sie, dass auf diese Weise die gleiche Summe an Kompensationen erreicht worden wäre, die Easyjet durch die ihrerseits vorgenommene Zahlung für alle aufgebracht habe. Ob das Ende der automatischen Kompensation wirklich unter dem Strich mehr bringt für den Klimaschutz, ist gleichwohl umstritten. Easyjet hat eine komplizierte Roadmap (→ Kapitel 2) entworfen, wie man die gesteckten Klimaziele erreichen will. Wichtigste Maßnahme bis 2029 ist die Erneuerung der Flotte mit 168 modernen Flugzeugen des Typs Airbus A320neo, die jeweils rund 17 Prozent weniger Sprit verbrauchen sollen als die Vorgängergeneration.

Im Bestreben, nachhaltigeres Fliegen zu etablieren, spielen aber nicht nur einzeln buchende Passagiere eine Rolle, Wegbereiter von Kompensation im größeren Stil könnten große Unternehmen und deren Reiseagenturen sein, die ein hohes Ticketvolumen für Dienstreisen buchen. Großfirmen werden zunehmend Partner eines der Kompensationsportale und stellen damit sicher, dass ihr gesamtes Geschäftsreiseaufkommen kompensiert wird. Durchschnittlich drei Prozent der gesamten CO_2-Emissionen von Unternehmen entfallen auf Flugreisen der Belegschaft; Portale wie Compensaid bieten dafür maßgeschneiderte Lösungen an. Das tun auch andere Anbieter und Airlines: Air France etwa verzeichnet bereits 90 Großkunden von Unternehmen, die SAF für ihre Reisen einkaufen, Lufthansa macht der AXA-Versicherung seit 2021 SAF für Dienstreisen zugänglich. Eine andere Methode ist, dass Unternehmen direkt Abkommen mit SAF-Erzeugern schließen, wie etwa die Boston Consulting Group mit Neste.

Im Gegensatz zur Kompensation kamen die zumindest bis zur Pandemie weit verbreiteten Vielfliegerprogramme bislang in den Diskussionen über Nachhaltigkeit kaum vor, obwohl sie zumindest für Beschäftigte mittleren und höheren Alters bei der Begründung teils unnötiger Flugaktivitäten eine große

Exkurs

Kampf dem Kunststoff in der Kabine

Fiona Pepper hat Fotos von ihrem jüngsten Langstreckenflug im Internet gepostet. Allerdings gibt es da keine Sonnenuntergänge über den Wolken zu bewundern – sondern nichts als Plastikmüll. Ein Stillleben aus Kunststoff, gesammelt auf einem einzigen Hin- und Rückflug von jeweils zehn Stunden in der Economy Class. Geradezu erschreckend, welche Plastikberge sich da anhäufen – die Australierin hat alles schnell in einer Tragetasche verstaut, bevor das Kabinenpersonal zum Abräumen kam. Die Beute: fünf quadratische Verpackungen aus transparentem Plastik, jeweils bestehend aus Unterteil und Deckel; drei Plastikbecher, acht Teile Plastikbesteck, zwei Plastiktassen, jede Menge Tütchen und Abdeckfolien – und etliches mehr. So viel Kunststoff für einen einzigen Passagier.

Hochgerechnet auf alle rund vier Milliarden Flugpassagiere im vergangenen Jahr kommen da gigantische Mengen zusammen. Die Linienluftfahrtorganisation IATA schätzt, dass jeder Passagier pro Flug im Schnitt 1,43 Kilo Abfall hinterlässt, wobei darin menschliche Ausscheidungen enthalten sind. Der Löwenanteil entfällt aber auf Plastik, Pappe und Papier. Ein Fünftel sind nicht verzehrte Speisen und Getränke. Für das Jahr 2018 berechnete die IATA eine Menge von 6,7 Millionen Tonnen Passagierabfällen, vor allem Plastik. Das entspricht etwa der Masse von 2,8 Millionen Pkw. Diesen immensen Müllberg zu beseitigen, kostet Airlines weltweit rund 700 Millionen US-Dollar pro Jahr, rechnete die IATA aus. Wissenschaftliche Berechnungen, die anders vorgehen, kommen auf ein Vielfaches an Passagierabfall. Der Kabinenmüll könnte sich aufgrund steigender Passagierzahlen bis 2030 verdoppeln.

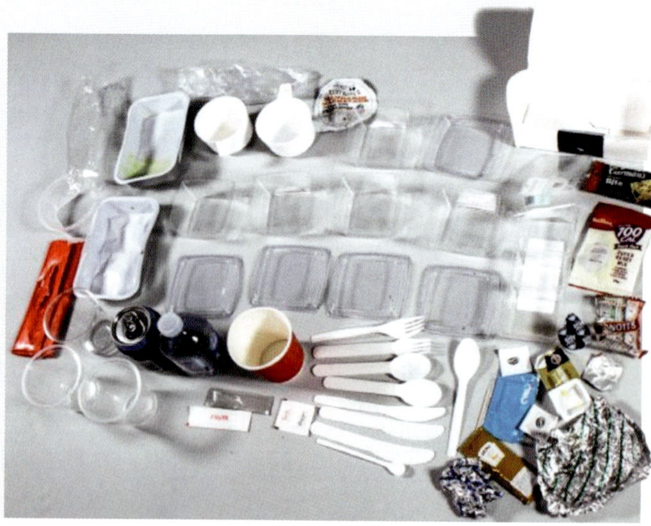

Eine Passagierin hat auf einem einzigen Langstreckenflug von Europa nach Australien in Economy Class alle ihr servierten Utensilien aus Einmalplastik und Folie gesammelt. (Fiona Pepper/ABC Australia)

Wer schon einmal geflogen ist, weiß um die Obsession der Airlines beim Gebrauch von Plastik in allen Bereichen des Bordservices. Kunststoff ist einfach perfekt geeignet für die Flugbranche – vor allem, weil er so leicht ist. Denn jedes Gramm mehr Gewicht an Bord bedeutet zugleich mehr Treibstoffverbrauch, also einen höheren CO_2-Ausstoß. Plastik fällt da buchstäblich am wenigsten ins Gewicht – und es erlaubt das hygienische Einschweißen der diversen Bestandteile der Bordverpflegung. Nirgends ist Sauberkeit und Keimvermeidung beim Essen so wichtig wie über den Wolken, wo viele Menschen viele Stunden auf engstem Raum miteinander zu bringen. Während also die Folienversiegelung von Essbarem noch verständlich ist, geht die Gier nach Plastik weit darüber hinaus. Einweggeschirr ist Standard – weil es fast nichts wiegt und sich so einfach entsorgen lässt. Mehrfachgeschirr hingegen muss mit erheblichem Aufwand an Energie und Wasser gereinigt werden und verursacht durch sein Gewicht höhere Transportkosten. Deshalb ist die Sache mit dem Plastik in der Luftfahrt nicht so einfach, wie sie aussieht – die Formel „Weniger Plastik gleich mehr Umweltschutz" gilt nicht uneingeschränkt.

Allerdings wird in der Luftfahrt vor allem in den Premium-Klassen Plastik oft sinnlos genutzt: Warum müssen Bord-Waschtaschen, Wolldecken, Kopfhörer, Plastikzahnbürsten und die Kabinenpantoffeln in Folie verschweißt sein? Zum einen, weil das die Tourismusindustrie gern so macht, um bei den Gästen den Eindruck zu wecken: „Das hier ist ganz sauber und wurde nur für Dich bereitgestellt." Das ist auch in vielen Hotels gängige Praxis. Zum anderen sorgt die Verpackung für Einsparungen bei der Logistik der Airlines und ihrer Bordbeladung. „Decken, die nicht in Plastik verpackt sind, verursachen zusätzliche Arbeit beim Falten und Einlagern und damit höhere Kosten", teilt Lufthansa dazu mit. Doch zumindest mit dem Einschweißen solcher Komfortartikel ist jetzt bei vielen Fluglinien Schluss. Sie haben erkannt, wie schlecht das bei Kunden ankommt, die womöglich ohnehin aus Umweltgründen Schuldgefühle beim Besteigen eines Flugzeugs plagen. So hat Lufthansa für Slipper und Wolldecken die Plastikhüllen abgeschafft – damit sollen pro Jahr 18 Tonnen Plastik eingespart werden. „Wir müssen schauen, wie wir Nachhaltigkeit, Kundennutzen und Kosten aufeinander abstimmen" sagt Kerstin Halfmann-Kleisinger, die sich bei der Fluggesellschaft um die Nachhaltigkeit der Bordprodukte kümmert. „Es geht darum, was der Gast an Bord sieht und erlebt. Wir wollen ein Bewusstsein schaffen, dazu gehört auch Transparenz etwa darüber, wie der Müll entsorgt wird."

Und damit sieht es in der Airline-Branche besonders düster aus. Etwa 91 Prozent des anfallenden Kunststoffs sowie der Großteil des sonstigen Kabinenabfalls werden bislang nicht recycelt. Das liegt nicht am mangelnden Willen der Airlines, sondern an den extrem strengen Hygienevorschriften des Luftverkehrs. Die meisten Länder verlangen, dass der gesamte Bestand an Bordverpflegung aus dem interkontinentalen Ausland nach Ankunft verbrannt oder auf Mülldeponien in den Boden gestampft wird – sogar ungeöffnete Getränkedosen. Bei KLM etwa wandert mehr als die Hälfte der Hinterlassenschaften europäischer Flüge in die Müllverbrennung – die immerhin zur Energieerzeugung genutzt wird. Während etwa Honig oder Milchprodukte aus fernen Ländern unter Umständen Gefahren für die Landwirtschaft am Zielort darstellen können, ist dies unter Hygiene-Gesichtspunkten sonst kaum nachvollziehbar. Die IATA sieht darin eines der Hauptprobleme für mehr Recycling: „Wir müssen die internationalen Catering-Bestimmungen ändern", fordert Sprecher Chris Goater.

Seit 2021 sind Plastikteller, -trinkhalme und andere Wegwerfprodukte durch eine EU-Regelung zur Plastikvermeidung auch in der Luft verboten. Die Fluggesellschaft Emirates aus Dubai bietet bereits seit 2019 Trinkhalme aus Papier und Decken aus recycelten Kunststoffflaschen. Um zu zeigen, dass sie die Thematik ernst nehmen, aber auch als PR-Aktionen, wie Kritiker argwöhnen, führen immer mehr Airlines plastikfreie Flüge durch. So absolvierte die arabische Etihad im April 2019 einen Ultra-Langstreckenflug ohne Einwegplastik. Für den Flug von Abu Dhabi nach Brisbane mussten nicht weniger als 95 Kunststoffgegenstände ersetzt werden, die üblicherweise an Bord sind. Die Kaffeetassen bestanden aus essbarem Waffelteig, die Decken aus recycelten Plastikflaschen – und das Einmalbesteck in der Economy-Klasse aus Stahl. „Wir haben Bambus- und Holzbestecke getestet, aber das war keine angenehme Ess-Erfahrung", erzählt Etihad-Bordservice-Managerin Linda Celestino.

Die portugiesische Chartergesellschaft HiFly war weltweit die erste, die einen Passagierflug komplett ohne Plastik im Bordservice erprobt hat. (HiFly)

Bestecke aus Holz sowie Geschirr und Becher aus Pappe wurden auf dem ersten plastikfreien Flug von HiFly als nachhaltiger Ersatz genutzt. (HiFly)

Daher tendiere man künftig zu Bestecken aus leichtem Stahl. „Für uns ist der CO_2-Ausstoß ein gravierenderes Problem als Plastikabfall", so Celestino.

Die australische Qantas führte im Mai 2019 einen abfallfreien Inlandsflug durch – erster Schritt hin zum damaligen Ziel, bis Ende 2021 immerhin 75 Prozent des Abfalls einzusparen, dessen Gewicht bei 50 Millionen Passagieren der Airline pro Jahr 80 vollbeladenen Jumbojets entspricht. Ein Zweistundenflug von Sydney nach Adelaide produziert allein im Schnitt 34 Tonnen Müll. Um den zu vermeiden, mussten 1.000 Teile Einmalplastik an Bord ersetzt werden, etwa durch Trinkbecher aus Pflanzenfasern, Essenskartons aus Abfallprodukten der Zuckerproduktion und Bioplastik-Bestecke aus Stärke. Noch konsequenter ist die Plastikvermeidung bei der portugiesischen Charter-Airline HiFly. Sie ist laut eigenen Angaben die weltweit erste Gesellschaft ohne Einmalplastik im Bordservice. Bei einem voll besetzten Airbus A330 mit 350 Passagieren summierte sich die Kunststoffmenge zuvor auf 350 Kilogramm pro Flug.

An Möglichkeiten der nachhaltigen Kabinenausstattung mangelt es also nicht – wenn sich die Branche bemüht. Aber ob es die Passagiere honorieren und bereit sind, künftig eventuelle Mehrkosten zu tragen, ist fraglich. Zumal während der Pandemie viele bereits erzielte Fortschritte über Bord gingen – Bordverpflegung etwa auf Langstrecken war in der Hochphase von Covid immer doppelt und dreifach unter Folien versiegelt und wurde sogar in Premium-Klassen aus hygienischen Gründen auf

Einmalplastik serviert. Ob mit Ende der Beschränkungen eine neue Welle an Initiativen zur Abfallvermeidung entsteht, muss sich zeigen. Es gibt aber ermutigende Beispiele. Eurowings etwa will ab 2025 nur vollständig nachhaltige Verpackungen beim Verkauf von Snacks an Bord nutzen: industriell kompostierbare Biofolie aus nachwachsenden Rohstoffen. Bei einer Million Sandwiches lassen sich so vier Tonnen Plastik einsparen. Um zugleich die Lebensmittelabfälle um die Hälfte zu verringern, werden frische Produkte auf dem jeweils letzten Flug des Tages zum halben Preis angeboten. Ferienflieger TUIfly hat derweil für die zunehmend seltenen Bordmenüs auf Birkenholzbesteck umgestellt.

Plastikvermeidung fängt aber zuerst bei den Passagieren an: Der wichtigste Hebel für weniger Müll ist die Vorbestellung von Bordverpflegung. Immer mehr Airlines bieten diesen Service an – manche, wie SAS, sogar als einzige Möglichkeit, um an Bord zu essen. So wird nur beladen, was tatsächlich gewünscht und verzehrt wird. Wichtig ist zudem, dass Passagiere an Bord keine Verpflegung oder Getränke annehmen, wenn sie ohnehin nichts verzehren wollen. Ebenso sollten sie darauf verzichten, Abfall in die Sitztaschen zu stopfen. Das reduziert die Reinigungskosten der Maschinen erheblich.

Rolle spielten. Sie veranlassten viele Geschäftsreisende zu sinnlosen Extra-Flügen, sogenannten Mileage Runs, nur um ihren Vielfliegerstatus zu sichern. Allein beim IT-Konzern SAP gab es 2018 weltweit bis zu 40.000 Vielflieger, von denen manche umgerechnet bis zu 45 Tage pro Jahr im Flugzeug saßen und dabei 200 Flüge absolvierten. Da werden Erinnerungen an George Clooney in seiner Rolle im Hollywood-Blockbuster „Up in the Air“ geweckt. Bei einem harten Kern der Mitarbeiter vieler Großunternehmen, die vor der Pandemie stets weltweit auf Achse waren, besteht oder bestand ein klares Suchtpotenzial nach Vielfliegermeilen, urteilen Branchenexperten. „Bei uns im Konzern wird noch viel zu viel geflogen, und diese Programme sind dabei wirklich ein Problem, mehr Nachhaltigkeit durch weniger Flüge zu erreichen“, räumt der Projektleiter für Nachhaltigkeit eines anderen deutschen Großkonzerns ein. „Wir lassen die Mitarbeiter jetzt intern eine CO_2-Abgabe zahlen und überlegen, eine Art Prämiensystem einzuführen für Leute, die nicht fliegen“, erklärt er seine Versuche gegenzusteuern. Allerdings sei dies auch eine Generationenfrage, denn während dienstälteres Personal bisweilen systematische Verstöße gegen Firmen-Reiseregeln in Kauf nimmt, um Bonusmeilen zu kassieren, würden sich einige Millennials schon bei der Einstellung garantieren lassen, gar nicht beruflich reisen zu müssen – oder zumindest nicht im Flugzeug. Bis vor der Pandemie galten für viele Geschäftsreisende demonstrativ am Rollkoffer zur Schau gestellte Gold- oder Platinkarten der Meilenprogramme als Statussymbol – das ist inzwischen eher verpönt.

Anderswo sind die Diskussionen noch radikaler: Der Chef des Billigfliegers Wizz Air forderte ein Verbot der klimaunfreundlicheren Business Class bei großen Airlines – sie sorgt pro Passagier aufgrund des höheren Raumangebots für einen höheren Anteil an Emissionen. In Großbritannien, einem von jeher sehr flugfreudigen Land, wurde eine Vielflieger-Steuer diskutiert, die mit jedem weiteren Flug ansteigt und gleichzeitig Familien das Vergnügen ihres jährlichen Urlaubsflugs unbesteuert lässt. Sogar ein Verbot von Privatjets, den größten Emissionsschleudern unter den Flugzeugen, fordern Politiker und Aktivisten immer wieder, zumal die vornehmlich von Superreichen und Top-Unternehmern genutzte Flugzeug-Kategorie in der Pandemie einen Boom erlebte. Zugleich kann man es auch positiv sehen: Gerade weil sich nur Betuchte Privatjets leisten können, taugen sie als Trendsetter für die breitere Öffentlichkeit, wenn sie das Fliegen nachhaltiger machen. So hat sich Vistajet verpflichtet, einer der größten globalen Betreiber von Privatjets, ab 2025 klimaneutral zu fliegen – und damit 25 Jahre vor dem von der IATA für die Verkehrsluftfahrt gesteckten gleichen Ziel. „Als Privatjetanbieter können wir eine Führungsrolle beim Kauf von SAF zur Kompensation des Klimaeffekts übernehmen, weil wir uns in einem Markt bewegen, der nicht so preissensibel ist, und wir üblicherweise vorausgehen mit Innovationen", sagt Andrew Thomas, Nachhaltigkeitschef bei Vistajet. Deren Privatjet-Kunden entscheiden, ob sie 20, 50 oder 100 Prozent ihres Fluges kompensieren wollen und eine entsprechende Menge SAF kaufen. „80 bis 90 Prozent unserer Kunden leisten so einen Ausgleich für die Emissionen ihrer Flüge." Überdies nutze der Anbieter IT-Anwendungen und Technik an Bord seiner überwiegend sehr modernen Flotte, die dafür sorgen, dass die Flüge im Schnitt acht Prozent weniger Kerosin verbrauchen als der Durchschnitt. Das macht Privatjets beileibe nicht zu Vorreitern grünen Fliegens, zeigt aber, dass es möglich ist, mit Geld und Innovationen deren Umweltauswirkungen stärker einzugrenzen, als es im Linienbetrieb geschieht.

Was heute schon möglich ist, wenn alle relevanten Organisationen vom Flugzeug- und Triebwerkshersteller über die Flugsicherung bis zur Catering-Firma an Planung und Durchführung beteiligt sind, zeigte Etihad im Oktober

2021 mit ihrem „grünen Demonstrationsflug“ von London nach Abu Dhabi, bei dem 72 Prozent des sonst üblicherweise auf gleicher Strecke ausgestoßenen CO_2 eingespart wurde. Insgesamt 39 Tonnen weniger Treibhausgas emittierte Flug EY20, der Kerosinverbrauch lag 1,8 Tonnen unter der üblichen Menge. Im Detail zeigte sich aber auch, welche Schwierigkeiten es für die Abwicklung solcher grünen Flüge gibt: So sollte die Boeing 787 mit 38 Prozent SAF fliegen, doch die Betankung mit dem speziellen Treibstoffgemisch war in London-Heathrow nicht möglich. Das von Etihad gekaufte SAF musste ins allgemeine Unterflur-Tanksystem des Flughafens gepumpt werden und stand daher allen Nutzern zur Verfügung. Daher konnte Flug EY20 nicht das volle Potenzial eines höheren SAF-Anteils ausnutzen.

Eine Branchenpremiere war die aktive Vermeidung von Kondensstreifen, die ebenfalls eine Klimawirkung haben. Die Flugplaner identifizierten Gebiete auf der Route, wo Witterungsverhältnisse herrschten, die die Bildung von Eiswolken aus den Triebwerksabgasen begünstigt hätten. Die Flugstrecke wurde darum herum geleitet. Trotz rund 100 Kilo höherem Treibstoffverbrauch für die Umwege wurde die Klimafreundlichkeit um ein Vielfaches verbessert. (→ Kapitel 2; Exkurs: Klimafreundliche Flugrouten) Auch in der Kabine war alles nach-

Bei Verpackung, Präsentation und Verwertung/Recycling von Bordverpflegung tun sich große Potenziale für mehr Nachhaltigkeit auf. (Archiv Spaeth)

Seit 2020 führt Etihad Airways sogenannte Ecoflights (hier die Boeing 787 „Greenliner“) durch, um zu zeigen, was an Nachhaltigkeit möglich ist, wenn Beteiligte auf allen Ebenen zusammenarbeiten. (Etihad)

haltig ausgerichtet. So bestand das Geschirr für die Mahlzeiten aus Recyclingmaterial, das sich nach Ende der Lebensdauer zerkleinern und zu neuem Geschirr verarbeiten lässt. Zudem konnten 80 Prozent des Einmalplastiks von Bord ferngehalten werden. „Unser Greenliner-Programm hat vor allem den Sinn, die Kunst des Machbaren zu erkunden“, sagte Etihads Flugbetriebschef Mohammad Al Balooki nach dem Flug.

Kurz darauf startete Airbus im November 2021 einen Transatlantik-Testflug, um das Einsparpotenzial von Formationsflügen zu ermitteln. Zwei Airbus A350, betrieben von SAS und French Bee, flogen im Abstand von drei Kilometern hintereinander von Toulouse nach Montréal – abgeschaut beim Biomimikry von Zugvögeln und ihrer Art, auf Langstreckenflügen Energie zu sparen. Das hintere Flugzeug flog dabei mit verminderter Schubleistung in die aus den Verwirbelungen des Vorausfliegenden verursachten Aufwinde. Airbus sieht potenziell die Chance auf fünf Prozent Treibstoffersparnis durch dieses der Natur abgeschaute Verfahren und arbeitet daran, dass der Formationsflug bis Mitte des Jahrzehnts für Passagierflüge generell zugelassen wird.

Nachhaltig bis zum Schluss – Flugzeug-Recycling

Andreas Spaeth

Es gibt kaum faszinierendere Plätze als Flugzeugfriedhöfe. Meist liegen sie in trockenen Gegenden, bevorzugt in Wüsten. Seit jeher zog es berühmte Fotografen an diese besonderen Orte. Abgestellte oder in verschiedenen Zuständen der Zerlegung befindliche, ehemals stolze Fluggeräte haben eine ganz eigene Ästhetik, gepaart mit bizarrer Landschaft und oft höchst attraktiven Lichtverhältnissen. Viele Bildbände sind dazu in den vergangenen Jahrzehnten erschienen. Die sogenannten Boneyards liegen traditionell im Südwesten der USA, vor allem in Arizona und Kalifornien. Dort ist genügend Platz und das trockene Wüstenklima hervorragend geeignet, um Flugzeuge längerfristig abzustellen, ohne dass Korrosion droht. Hunderte abgestellte Jets oder ihre bisweilen lärmende Zerlegung stören dort nicht.

Lange Zeit wurden die ausrangierten Maschinen mehr oder weniger sich selbst überlassen, später ausgeweidet, einzelne Teile zur Wiederverwendung entfernt und weiterverkauft. Der große Rest durch an Baggerarmen hängende hydraulische Greifer grob zerlegt, die Aluminiumteile in Containern gesammelt und an Altmetallhändler verkauft, die sie einschmolzen und dann als Rohmaterial etwa für Getränkedosen verkauften. Das Recycling von Flugzeugen, die Weiterverwendung kompletter Bauteile oder wertvoller materieller

Bestandteile als Sekundärrohstoffe war in den ersten 100 Jahren des Passagierflugs nahezu kein Thema. Ein erschreckend großer Anteil an Flugzeugresten wurde einfach auf Deponien vergraben. Das ist neben der Verbrennung die billigste Methode, vermeintlich nutzlose Stoffe loszuwerden – schon ab 250 bis 300 Euro pro Tonne lassen sich dort sogar Gefahrstoffe abladen, heißt es dazu vom Hersteller Airbus. Es sei allerdings nicht nur eine wirtschaftliche, sondern auch eine Frage des sozialen Drucks, dem sich Flugzeugeigner zunehmend ausgesetzt sehen, diese Praxis zumindest stark zu verringern. Noch 2008 wurden nach Boeing-Angaben 35 Prozent der Überreste alter Flugzeuge in Deponien unter die Erde gebracht, 50 Prozent konnten zur anspruchslosen Nutzung wie für Getränkedosen weiterverwendet wer-

Einige der während der Corona-Krise in Tarbes-Lourdes geparkten Flugzeuge fliegen inzwischen wieder, andere wurden zerlegt und recycelt. (Tarmac Aerocave)

Die Zerlegung einer alten Boeing 707 zeigt die enorme Materialvielfalt auf engem Raum, die eine sortenreine Trennung für Recycling erschwert. (Spaeth)

Beim Verschrotten dieses Museumsflugzeugs in Berlin-Tegel war eine Aufteilung des Wracks nach Material kaum möglich. (Spaeth)

Auch bisher schon ließen sich die abgetrennten Tragflächen relativ sortenrein wieder einschmelzen und daraus Blech etwa für Getränkedosen herstellen. (Spaeth)

den, nur 15 Prozent fanden in höherwertigeren Funktionen ein neues Dasein. Damals erklärte es die Branche zum Ziel, künftig 45 Prozent der Altmaschinen industriell in hochwertigen Anwendungen weiter zu nutzen, den Anteil der vergrabenen oder verfeuerten Flugzeugteile auf fünf Prozent zu senken, dafür aber zehn Prozent wieder im Bereich der Luft- und Raumfahrt einzusetzen, 25 Prozent zur Energieerzeugung und nur 15 Prozent für anspruchslose Aufgaben. Erst nach der Jahrtausendwende hat die Branche erstmals insgesamt erkannt, dass es Handlungsbedarf gibt – und das nicht nur zum Schutz der Umwelt, sondern auch aus purem Eigennutz: In Flugzeugen sind hochwertige Materialien verbaut, die zunehmend knapper und teurer werden und deren Herstellung große Mengen Energie erfordert. Es geht also um die bessere Nutzung von Ressourcen.

Erst 2006 startete Airbus das Programm Pamela (Process for Advanced Management of End-of-Life Aircraft) und zerlegte auf dem Flughafen Tarbes-Lourdes im Südwesten Frankreichs einen ausrangierten, damals 24 Jahre alten Airbus A300B4. Das dauerte ein ganzes Jahr und hatte zum Ziel, Verfahren für das künftige systematische Flugzeugrecycling zu entwickeln. Anstelle der vorher üblichen, eher planlos groben Zerstörung alter Maschinen sollte eine sorgfältigere Zerlegung treten. Bis dahin konnten nur etwa 60 Prozent des Flugzeuggewichts überhaupt erhalten und davon gerade einmal die Hälfte recycelt werden – eine verheerende Bilanz in Sachen Nachhaltigkeit. Durch Pamela wollte man eine sogenannte umgekehrte Lieferkette etablieren: die Rückgewinnung wertvoller Materialien und ihre erneute Einspeisung in den Produktionszyklus. Dass damit auch ein Geschäft zu machen wäre, zeichnete sich schon damals ab: 2008 kostete eine Tonne Aluminium bis zu 2.400 Euro, die gleiche Menge Titan sogar bis zu 22.000 Euro – abhängig von der Reinheit.

Die wertvollsten und erhaltenswertesten Komponenten eines ausrangierten Flugzeugs sind immer die Triebwerke inklusive der Hilfsturbine (APU) im Heck, gefolgt von Fahrwerken, elektronischen Fluginstrumenten (Avionik) und beweglichen Teilen wie Landeklappen und anderen Strukturteilen. Diese Bestandteile können, sofern ihre Herkunft und technische Geschichte eindeutig belegbar und zurückzuverfolgen ist, wieder in andere Flugzeuge eingebaut werden und weiterfliegen. Alles zusammen macht etwa 70 Prozent des Wertes eines Altflugzeugs aus. Im Fall der A300 im Pamela-Programm ergab das 13,5 Tonnen an Gewicht, weitere 61 Tonnen entfielen auf Material von Einzelteilen, die entweder weiter genutzt oder dem Recycling zugeführt wurden. Insgesamt 74,5 Tonnen, oder 85 Prozent des Leergewichts der A300 von 106 Tonnen, konnten so Nutzen bringen und Einnahmen generieren. 18 Tonnen entfielen auf die Entfernung von Resten an Treibstoff, Trinkwasser und den WC-Tanks an Bord. Nur 13,5 Tonnen, 15 Prozent des Leergewichts, landeten am Ende auf der Mülldeponie – nur ein Drittel dessen, was vorher üblich war. Auch diesen Anteil, der heute vor allem Dämmmaterial aus Kabinen und Frachträumen sowie nicht sortenreine und verunreinigte Materialkombinationen aus der Kabineneinrichtung umfasst, will die Branche weiter senken. Aus dem Versuchsprojekt Pamela ging unter der Beteiligung von Airbus die Firma Tarmac Aerosave hervor, seit 2009 ansässig auf dem Flughafen Tarbes-Lourdes und seit 2013 mit einem großen zweiten Standort im spanischen Teruel europäischer Marktführer in diesem Segment. Bis 2020 hatte Tarmac Aerosave bereits 170 Flugzeuge zurückgebaut und recycelt.

Lange gab es kein Recycling alter Verkehrsflugzeuge, noch benötigte Segmente wurden grob herausgetrennt, hier auf einem Flugzeugfriedhof in Arizona in den 1990er Jahren. (Spaeth)

Obwohl Flugzeugabstellplätze und Boneyards zur Zerlegung in den USA schon seit Jahrzehnten aktiv sind, gab es auch dort bislang keine branchenweiten Regeln und Gebote im Umgang mit dem Thema Recycling. 2006 gründete Boeing die auch europäische Partner einschließende Aircraft Fleet Recycling Association (AFRA), die inzwischen weltweit Standorte betreibt, um Altflugzeuge nach ihren Standards zu zerlegen und zu verwerten. Heute weist die Organisation 80 Mitglieder aus allen Bereichen des Recycling-Prozesses auf, inklusive der meisten Flugzeughersteller. In den vergangenen beiden Jahrzehnten ist also viel passiert in diesem Bereich. Lag die Verwertungsquote alter Maschinen in den frühen 2000er Jahren im Schnitt bei 50 Prozent des Flugzeuggewichts, so sind es derzeit bis zu 93 Prozent. „Flugzeugrecycling wird zunehmend wichtig“, sagt Gerko Wende, Direktor am DLR-Institut für Instandhaltung und Modifikation in Hamburg. „Sobald durch alternative Energien die fossilen Kraftstoffe als Emissionsquelle in den Hintergrund gedrängt werden, wird in der Luftfahrt ein noch viel stärkerer Fokus auf alle anderen Energie oder Rohstoffe verbrauchenden Aspekte fallen.“ Er gehe davon aus, dass wie in anderen Bereichen auch die Flugzeughersteller künftig dazu verpflichtet werden, ihr Produkte zurückzunehmen und fachgerecht zu recyceln. Das Thema werde schon deshalb wichtiger, weil immer mehr alte Flugzeuge das Ende ihres Lebenszyklus erreichen und ausgemustert werden.

Auch wenn heutige Maschinen für eine Lebensdauer von 30 Jahren ausgelegt sind, gehen viele Jets schon zehn Jahre früher in Rente. Extrem kurz war selbst dagegen das aktive Leben einiger Airbus A380, die schon weniger als zehn Jahre nach ihrer Indienststellung zerlegt wurden. Prognosen gehen davon aus, dass bis 2040 mehr als 40 Prozent der heute aktiven Flotten ausgemustert werden – das wären rund 12.000 Passagierflugzeuge. Durchschnittlich werden pro Jahr 2,5 Prozent der aktiven Flugzeuge stillgelegt; dieser Wert könnte dann merklich steigen. Zum Vergleich: 2019 wurden 680 Verkehrsflugzeuge außer Dienst gestellt, 2020 waren es 676, davon 440 Passagierjets. Das Fachportal *Flightglobal* geht von künftig weltweit etwa 750 Ausmusterungen pro Jahr aus.

Während der Corona-Pandemie war man zunächst von einem Exodus bei den Flotten und von einer Flut an Ausmusterungen ausgegangen. Doch dazu kam es nicht: 2021 sank sogar die Anzahl der stillgelegten Flugzeuge um 30 Prozent gegenüber dem Vorjahr. Dafür gibt es mehrere Gründe – die Unsicherheit für die Airlines, wann die Nachfrage wieder dauerhafter anziehen wür-

Heute werden Flugzeugteile etwa für Upcycling-Produkte beinahe chirurgisch aus den Rümpfen entfernt. (Lufthansa)

de, außerdem die Tatsache, dass es sich oft um buchhalterisch bereits abgeschriebene Flugzeugmuster handelte und diese relativ günstig für längere Zeit geparkt werden konnten. Auch die erheblich schwankenden Marktpreise für betagte Maschinen spielen eine erhebliche Rolle dabei, wann ein Flugzeug nur abgestellt und wann es tatsächlich verwertet wird. Vor der Pandemie etwa konnte man einen alten Airbus A320 für etwa sechs bis sieben Millionen US-Dollar verkaufen, 2021 war er nur noch zwei Millionen Dollar wert. Aus diesem Grund entscheiden sich Besitzer alter Flugzeuge – ob die Betreiber-Airline selbst oder ein Zwischenhändler – oft dafür, ihre Veteranen länger zu parken, was in der einfachsten Form mit Minimalwartung und auf einem abgelegenen Abstellplatz für etwa 50.000 Dollar pro Jahr zu haben ist. Verkauft beziehungsweise zerlegt wird nur dann, wenn sich die Preise entsprechend entwickeln und das Geschäft lohnender ist.

Das in den vergangenen Jahren aufgebaute Recyclingsystem zielt auf ausgemusterte Flugzeuge zum überwiegenden Teil aus Aluminiumlegierungen, die bis zu 80 Prozent ihres Gewichts ausmachen. Alle bis etwa 2010 gebauten Verkehrsflugzeuge fallen in diese Kategorie. Die Abläufe der sogenannten End-of-Life-Prozedur sind daher immer annähernd gleich: Zunächst wird das Flugzeug geparkt und stillgelegt, dann werden Kerosinreste aus den Tragflächentanks abgesaugt sowie das noch im Bordsystem vorhandene Trinkwasser und Abwasser der Toiletten. Anschließend beginnt der Ausbau noch verwertbarer Teile vom Triebwerk bis zur Vorflügelklappe. Je nach Flugzeugtyp und -alter können zwischen 500 und 2.000 Einzelteile ein zweites Leben vor sich haben. Danach müssen alle Schadstoffe von Bord entfernt werden, etwa Löschmittel und Hydraulikflüssigkeit, aber auch explosive Utensilien wie Zündpatronen zum Aufblasen der Notrutschen oder alle Arten von Sauerstoffflaschen. Auch die Sitze, Bordküchen und Kabinenmonumente verschwinden, sofern sie nicht als wiederverwendbare Teile bereits demontiert wurden. Kabineneinrichtungen, vor allem Sitze und deren Bezugsstoffe aus Mischmaterial und Polymeren, können kaum recycelt werden, weil sie oft nicht sortenrein zu trennen sind – vor allem aber, weil sie nach behördlichen Vorschriften zur Feuersicherheit mit flammenhemmenden Substanzen behandelt sind, die sich nicht entfernen lassen und daher wegen ihrer möglichen Schädlichkeit nicht recyclebar sind. Allerdings weitet sich der Trend aus, Kabinenmateria-

Auch in Russland wurden zuletzt alte Flugzeuge sorgfältiger zerlegt – hier die Abtrennung der Cockpitsektion einer IL-86 (Aleksandr Markin/Wikimedia)

lien für sogenanntes Upcycling zu nutzen. Von Taschen aus Schwimmwesten oder Schreibheften mit Umschlag aus Sicherheitskarten bei Lufthansa bis hin zu Fußbällen, Schuhen und Schmuck, die seit 2013 bei Southwest Airlines durch soziale Organisationen aus früher verwendeten Ledersitzbezügen gefertigt wurden. Mehr als 400 Tonnen Leder konnten so recycelt und in neue Artikel umgearbeitet für die Wohlfahrt verkauft werden. „Man sieht etwa in der Möbelherstellung den Trend zur Wiederaufbereitung hochwertiger Komponenten, und das kommerziell erfolgreich. Das wird auch in der Luftfahrt künftig einer der Hebel sein“, sagt DLR-Experte Wende. „Ein starker Trend in der Kabine sind Gewebe aus organischen Materialien wie Hanffasern oder Kakteenleder.“

Flugzeugfriedhöfe bekamen während der Corona-Pandemie eine ganz neue Bedeutung. Hier die voll belegten Parkflächen von Tarmac Aerosave am Flughafen Tarbes-Lourdes am Rande der französischen Pyrenäen. (Maël Robin/Tarmc Aerosave)

Erst wenn die Kabine leer ist, kann das Entkernen des Rumpfes beginnen: Alle Abdeckungen werden ebenso entfernt wie Teppichböden und Gepäckfächer an der Kabinendecke, schließlich die meist aus Glaswolle und Alufolie bestehenden Dämmmatten, die sich zwischen Wandverkleidung und Außenhaut befinden, außerdem die Kabinenfenster. Aus der Entkernung stammt die Mehrzahl dessen, was bis heute vergraben oder verbrannt wird. Die Flugzeugfenster aus Acrylglas könnten ebenfalls recycelt werden, doch der Aufwand, sie per Hand einzeln aus ihren Kunststoffeinfassungen und Metallrahmen herauszulösen, würde durch den zu erzielenden Materialpreis nicht gedeckt.

Wenn der Flugzeugrumpf nur noch eine Metallhülle ist, an deren Tragflächen die leeren Triebwerksgehäuse hängen, und dieser inzwischen aufgebockt ist, weil die Fahrwerke bereits entfernt wurden, dann beginnt die endgültige Zerlegung. Früher sahen die Schrottscheren am Baggerarm wie wildgewordene Raubtierkiefer aus, die in die Tiefen der Aluminiumröhren vordrangen und sie in kurzer Zeit in Stücke rissen – heute geht es dabei eher chirurgisch zu. Fein säuberlich werden mit am Baggerarm befestigen Kreissägen einzelne Segmente mit einem oder mehreren Fenstern oder Hautfelder mit speziellen Aufschriften oder Airline-Logos exakt herausgesägt. Auch das sind wertvolle Rohstoffe, die zu Lifestyle-Produkten veredelt werden. So bietet Lufthansa in ihrer Upcycling Collection einen Sessel an, dessen Lehne aus einem Viertel eines A320-Triebwerkseinlasses besteht, Kostenpunkt: 3.000 Euro. Oder einen Schreibtisch, dessen Platte ein Hautfeld aus einer A320 mit großem Kranich-Logo ist, zum gleichen Preis. Eine Zeitungsablage mit einem Fenster plus Rahmen des gleichen Flugzeugs gibt es schon für 200 Euro. Die neuerdings heiß begehrten Schlüsselanhänger aus Hautfeldern für 40 Euro. Auch wenn damit keine großen Mengen an Material neu verwendet werden, ist der Trend positiv für die Branche, um ihre Nachhaltigkeitsbotschaft auf plakative Weise zu vermitteln. Bisweilen trennen die Flugzeugverwerter auch komplette Cockpit-Sektionen aus dem Rumpf heraus, die später zu Simulatoren umgebaut werden – für den professionellen oder privaten Gebrauch.

Erst wenn diese letzte Kannibalisierungsrunde abgeschlossen und das Flugzeug nur noch ein Schatten seiner früheren Erscheinung ist, erledigen die Schrottscheren den Rest, zerkleinern das Aluminium zu einem Haufen Kleinteile. Die werden in Containern gesammelt und an Metall-Recyclingfirmen verkauft. Dort werden die Teile geschreddert und anschließend die Materialien getrennt. So können aus Flugzeugschrott sogar komplexe, temperatur-

Heute werden alte Flugzeuge sorgfältiger zerlegt und Materialien getrennt, hier bei Tarmac Aerosave in Tarbes-Lourdes in Frankreich. (Spaeth)

Für neue Flugzeuge mit Rümpfen aus CFK (hier ein A350-Prototyp) müssen komplizierte Recyclingverfahren entwickelt werden. (Spaeth)

Flugzeugverschrottung in Tarbes-Lourdes – hier werden Rümpfe sauber zerlegt und dann das Innere nach Materialien getrennt. (Spaeth)

beständige, titan- und nickelhaltige Superlegierungen zurückgewonnen und für neue Produkte verwendet werden, auch in der Luft- und Raumfahrt. Der Einspareffekt ist bedeutsam, denn die Produktion solcher Legierungen gehört zu den kostenintensivsten Prozessen im Flugzeugbau, weil sie viel Energie verbraucht. Recyceltes Aluminium ist erheblich günstiger und benötigt 95 Prozent weniger Energie als neu produziertes Aluminium, weil lediglich der Energiebedarf des Einschmelzens anfällt. Und dafür reicht eine geringere Temperatur aus als für die zur Originalherstellung nötige Elektrolyse. Auf ähnliche Weise lässt sich das noch wesentlich teurere Titan einschmelzen und zur Fertigung neuer Teile nutzen.

Der gesamte Verwertungsprozess eines großen Verkehrsflugzeugs dauert bis zu zwei Monate, die Zerlegung zwei bis sechs Tage. „Bei der Verwertung von Metallflugzeugen wurden große Fortschritte erzielt“, sagt DLR-Experte Gerko Wende. „Es handelt sich allerdings in den meisten Fällen um ein Downcycling, wenn man etwa aus dem Aluminium eines Flugzeugrumpfs meist nur ein leicht minderwertiges Material herstellen kann, in dem Verunreinigungen enthalten sind, die sich nur mit hohem Aufwand beseitigen lassen. Dennoch ist dies eine wirksame Form des Recyclings.“ Anders als früher, als fast alle großen Bauteile von Verkehrsflugzeugen aus Metall bestanden, sind moderne Airliner aus vielen unterschiedlichen Materialien und Werkstoffen zusammengesetzt. Das spart Gewicht und senkt den Kraftstoffverbrauch – für die Nachnutzung ist es aber hinderlich. „Die Kombination unterschiedlicher Materialien ist beim Recycling immer problematisch. So müssen etwa die Nietfelder bei ansonsten aus Metall gefertigten Flugzeugen sehr sauber auseinandergenommen werden, sodass eine hohe Sortenreinheit erzielt wird. Sind unterschiedliche Materialien verbaut, erhöht das den Recycling-Aufwand immens“, sagt Wende.

Gravierende Probleme selbst für die mühsam im Umgang mit alten Metallflugzeugen etablierten Prozeduren bringt der Siegeszug der leichten, hochfesten Verbundwerkstoffe im Flugzeugbau seit den 2010er Jahren mit sich. Zwar hatte bereits der Airbus A310, der vor 40 Jahren in den Liniendienst ging, ein Leitwerk aus Kohlefaserverbundwerkstoff (CFK), aber erst etwa 30 Jahre später entstanden komplette Flugzeuge aus diesem Material. Die Boeing 787 (im Linieneinsatz seit 2011) und ihr europäischer Konkurrent Airbus A350 (seit 2015) bestehen jeweils zu rund 50 Prozent aus CFK. Da diese Maschinen so neu sind, wird es noch Jahrzehnte dauern, bis viele von ihnen in den Verwer-

Die Zerlegung einer ausrangierten A340-600 der Lufthansa erfolgt in Teruel/Spanien beinahe chirurgisch, um Segmente für das Upcycling zu gewinnen. (Lufthansa)

tungsprozess gehen. Die Frage ist dennoch schon heute aktuell, da bei der CFK-Produktion und beim Verschnitt der Fasern erhebliche Mengen an Materialausschuss abfallen, die aufgrund ihres Wertes ebenfalls recycelt werden müssen. Das ist relevant, da in anderen Industriezweigen noch wesentlich mehr CFK anfällt, etwa im Automobilbereich oder bei Windkraftanlagen; auf die Luftfahrt entfallen lediglich etwa zehn Prozent. Um die Jahrtausendwende lag die globale Produktion bei knapp 10.000 Tonnen – Recycling hatte keine Priorität. Heute hat sich die globale Erzeugung von Kohlefasermaterialien auf mehr als 100.000 Tonnen pro Jahr mehr als verzehnfacht. Fast ein Drittel davon geht bei der Produktion als Abfall verloren. Die Nachfrage wächst jährlich um bis zu 14 Prozent – allerdings hofft die Branche, etwa die Hälfte der Nachfrage künftig mit recycelten Kohlefasern befriedigen zu können.

Die Wiederaufbereitung von CFK wäre äußerst sinnvoll, denn die mit ihrer Produktion verbundenen Kosten für die Umwelt sind erheblich: Sie entsprechen der Energiemenge, die 400.000 Haushalte in einem Jahr verbrauchen. Zudem werden bei der globalen Herstellung des Materials jährlich eine Million Tonnen CO_2 emittiert, was 7.000 Transatlantikflügen entspricht, und 26 Millionen Liter Wasser verbraucht. Das entspricht dem Jahresbedarf von einer halben Million Menschen. Innerhalb der kommenden zehn Jahre, so die Prognosen, wird die Menge von Kohlefasermaterialien am Ende ihrer Lebensdauer 40.000 Tonnen pro Jahr ausmachen, ihre Deponierung ergibt dann ein Volumen von 160.000 Kubikmetern: die gleiche Menge, die man für den Abfall von 400.000 Menschen veranschlagt. Diese Ressourcen wollen Firmen nutzen, die sich auf Rückgewinnung und Recycling der Werkstoffe spezialisiert haben.

Bisher wurden überschüssige Verbundmaterialien oft einfach deponiert, zerkleinert als geringwertiges Füllmaterial etwa im Straßenbau genutzt oder gleich verbrannt. „Bei Kohlefaserstrukturen kann man eine gewisse thermische Verwertung weniger der Fasern selbst als der verbindenden Materialien erreichen. Sie werden verbrannt und geben zumindest einen Teil der bei ihrer Herstellung verbrauchten Energie zurück", erläutert Wende. Es gibt aber auch die Möglichkeit der Verbrennung zur Rückgewinnung von Energie für das anschließende Faserrecycling, einem allerdings sehr teuren Verfahren. „Auch wenn Kohlefaser-Werkstoffe bereits recycelt wurden, geschah das nicht so wie es sein sollte", sagt der Chef des britischen Flugzeugverwerters Air Salvage. „Kohlefaser kann recycelt werden, um sie erneut zu nutzen." Ein erhebliches Problem dabei ist, dass bei Flugzeugen, die aus Metallrümpfen bestehen, nur kleinere Mengen dieser Werkstoffe anfallen, etwa die Verstrebungen des Kabinenbodens in der Boeing 777. Größere CFK-Stücke fallen bei der Zerlegung nicht an, sondern stets kleinere Teile, an denen noch andere Materialien wie Nieten oder Befestigungen aus Metall hängen. Die Trennung wäre im Vergleich zum Erlös zu teuer. Das zeigt sich zurzeit auch bei einem anderen Werkstoff aus dem Flugzeugbau: „Ein großes Problem ist der Verbundwerkstoff Glare, der in den Oberschalen der A380 verwendet wurde, mit Schichten aus Aluminium und Glasfasern", sagt DLR-Experte Wende. Derzeit stehen immer mehr Flugzeuge der kommerziell erfolglosen A380 vor der Verwertung, das Problem ist also akut. „Bei Glare funktioniert auch die thermische Verwertung nicht, das kann man wirklich nur zerkleinern und irgendwo vergraben – in Sachen Nachhaltigkeit ein Alptraum. In den vergangenen zwei Jahrzehnten gab es aber einen Lerneffekt: Verbundmaterialien sollen künftig so gestaltet sein, dass sie zu trennen sind, um einzeln verarbeitet zu werden."

Bei Verbundabfällen lassen sich immerhin die Kohlefasern zurückgewinnen: Der Kunststoff Epoxidharz, in den die Fasern eingebettet sind, muss dafür durch Pyrolyse in komplexen Arbeitsgängen und bei Temperaturen bis zu

800° Celsius von den Fasern getrennt werden. Die zurückgewonnenen Fasern sind mit bis zu zehn Zentimetern kürzer als im Primärbauteil und haben nicht mehr genau die gleichen Eigenschaften, aber es lassen sich neue Bauteile daraus herstellen wie etwa Kabelkanäle, die dann sogar in Flugzeugen eingesetzt werden können. „Bei Flugzeugen aus Verbundwerkstoff gibt es weiterhin große Probleme bei der Wiederverwertung", konstatiert Wende.

Boeing startete schon 2004 erste Tests mit der Verwertung von CFK-Komponenten von F-18A-Kampfflugzeugen. Später forschten die Amerikaner am Recycling von Produktionsabfällen der CFK-Produktion für die Boeing 777 und 787 und ihrer Nutzung in hochwertigen Anwendungen wie Elektronik-Gehäusen mit Hochfrequenzabschirmung und Autoteilen sowie in nichttragenden Strukturteilen bei Flugzeugen. Höhepunkt war im Mai 2018 die weltweit erste Zerlegung eines frühen Prototyps der Boeing 787 und damit eines Flugzeugs mit CFK-Rumpf. Bis diese Jet-Generation in großem Maß zur Ausmusterung ansteht, dauert es aber noch mindestens zwei Jahrzehnte. Dennoch gibt DLR-Experte Wende zu bedenken: „Bei Flugzeugen aus Verbundwerkstoffen wird es schwierig sein, ähnlich hohe Recyclingquoten zu erzielen wie bei Flugzeugen aus Metall." Für die Zukunft sieht er größere Chancen, auch weil die Frage des End-of-Life, also der Recycling-Fähigkeit, inzwischen ein integ-

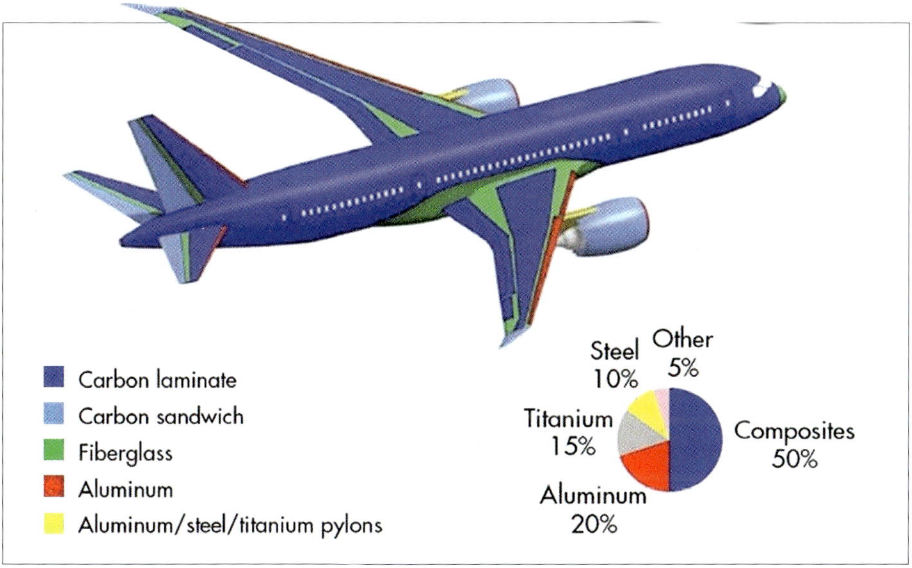

Die Material-Zusammensetzung der Boeing 787 zur Hälfte aus Verbundwerkstoffen zeigt die Herausforderungen für das Recycling. (Archiv Spaeth)

Auch Boeing selbst mischt beim Handel mit Upcycling-Produkten der eigenen alten Flugzeuge mit – hier der Verkauf von polierten 747-Fenstern. (Spaeth)

raler Teil des Flugzeugbaus ist: „Bei allen Flugzeugen, die noch nicht fliegen und derzeit konzipiert werden, gehe ich davon aus, dass dieser Wert wieder zu erreichen ist. Das gilt für Teile der Strukturen, bei denen es keine Materialermüdung gibt. Solche Teile könnten direkt weiterverwendet werden, vielleicht nicht in einem Flugzeug, aber in anderer wertbehafteter Form." Etwa im zunehmend wichtigen Bereich Elektroflug (→ Kapitel 5), wo es nicht nur um die Flugzeugstruktur, sondern auch die Triebwerke geht: „Wir schauen uns derzeit an, wie man im Hinblick auf mögliche hybrid-elektrische Antriebe mit raren und teuren Materialien wie Seltenen Erden umgeht. Wie entwickelt man Elektromotoren, die man später entsprechend sortenrein zerlegen und anschließend direkt erneut nutzen kann? Uns bleibt gar nichts anderes übrig, als diese Frage zu beantworten, weil die Werkstoffe sehr wertvoll sind – und künftig noch wertvoller werden", betont der DLR-Forscher.

Auch am anderen Ende des gegenwärtigen Entwicklungsspektrums neuer Flugzeuge spielt die Nachnutzung der Ressourcen von Beginn an eine Rolle. Das Start-up Boom Supersonic aus Denver arbeitet derzeit an einem neuen Überschall-Verkehrsflugzeug namens Overture für 65 bis 80 Passagiere. Namhafte Airlines haben dafür bereits Vorbestellungen unterschrieben; 2030 könnte es soweit sein, dass der schnelle Jet im Liniendienst startet. „Für viele der Materialien, die wir in der Overture nutzen werden, gibt es noch keine internationalen Recycling-Standards", sagt Raymond Russell, bei Boom für Umwelt und Nachhaltigkeit zuständig. „Wir wählen daher Materialien aus, bei denen die größte Wahrscheinlichkeit eines sicheren Recyclings besteht, in Abwägung mit anderen entscheidenden Kriterien wie Sicherheit und Leistungsfähigkeit." Nachhaltigkeit klingt bei einem Überschallflugzeug widersprüchlich, aber Boom setzt etwa mit 100 Prozent SAF-Nutzung genau darauf. „Wir untersuchen die Wahrscheinlichkeit, ob es in mehreren Jahrzehnten für diese recycelten Materialien einen Markt geben wird. Wenn wir heute die Overture recycelten, wäre das wohl nicht lohnend", sagt Russell, „aber in 30 bis 40 Jahren wird es dafür gut funktionierende Lieferketten geben."

Der Autor

Frank Lassak lebt und arbeitet als Wirtschaftsjournalist in Berlin. Themen aus dem Energie- und Transportsektor interessieren den gebürtigen Hamburger besonders. Nach dem Studium an der Universität Hamburg verschlug es den luftfahrtbegeisterten Hanseaten zunächst nach München und später nach Malaysia. Nach seiner Rückkehr 1993 arbeitete er als Redakteur für die Marketing-Fachzeitschrift w&v in München. Seit 1996 ist Lassak als freier Journalist und Buchautor tätig. Seither schrieb er unter anderem für die Financial Times Deutschland (2000 – 2012), das Wirtschaftsmagazin Capital (2012 – 2014), das Magazin des deutsch-französischen Kultursenders arte (seit 2015) sowie für diverse weitere Wirtschafts- und Kulturzeitschriften und Tageszeitungen. Zurzeit recherchiert er bereits für sein nächstes Buch, worin er sich den Auswirkungen des Klimawandels auf den internationalen Kunstbetrieb widmen will.

Der Co-Autor

Andreas Spaeth interessiert sich seit Kindheitstagen für die Luftfahrt, seit seiner Studienzeit betätigt er sich als Journalist mit Schwerpunkt Luftverkehr. Nach dem Abschluss von Hochschulstudium und der Ausbildung an der Deutschen Journalistenschule (DJS) in München arbeitet er als freier Journalist für nationale und internationale Medien im deutsch- und englischsprachigen Bereich. Er betätigt sich als Buchautor (zuletzt u. a. mit „Airbus A380 – Der letzte Riese“, „Überschall-Passagierflugzeuge“ und „Unvergessen – legendäre deutsche Airlines“ bei Motorbuch) und ist bei aktuellen Anlässen ein gefragter Gesprächspartner in Fernsehsendungen, im Radio, in Filmdokumentationen und Co-Host eines erfolgreichen Podcasts (*www.flugforensik.de*). Spaeth ist seit Langem Vielflieger und besuchte für seine Reportagen Fluggesellschaften, Flughäfen und Flugzeughersteller in bisher etwa 130 Ländern. Gerade deshalb beschäftigte ihn zuletzt das Thema Nachhaltiges Fliegen besonders.
Der Autor ist zu erreichen über *www.aspapress.com*, Twitter *@SpaethFlies*

Sach- und Namenregister

Y

Z

Quellen

Wie der Luftverkehr dem Klima schadet

https://www.dlr.de/content/de/downloads/publikationen/broschueren/2021/auf-dem-weg-zu-einer-emissionsfreien-luftfahrt.pdf?__blob=publicationFile&v=6

https://www.aerotelegraph.com/kann-die-luftfahrt-ueberhaupt-gruen-werden

https://www.iea.org/news/defying-expectations-co2-emissions-from-global-fossil-fuel-combustion-are-set-to-grow-in-2022-by-only-a-fraction-of-last-year-s-big-increase

https://www.dlr.de/content/de/downloads/news-archiv/2011/20110330_klimaerwaermung-durch-kondensstreifen-zirren_735.pdf

https://www.airliners.de/basiswissen-co2-effekte-14-co2-effekte-luftverkehrs-klima/66365

https://www.airliners.de/basiswissen-co2-effekte-44-luftfahrt-problem-co2-effekte-loesen/66387

https://www.airliners.de/kondensstreifen/50755?utm_campaign=readmore&utm_medium=articlebox&utm_source=air

https://www.airliners.de/interview-klimaschuetzen-kondensstreifen-vermeiden/66186

Interview mit Markus Rapp, Institut für Atmosphärenforschung, DLR, Oberpfaffenhofen, November 2022

Wie die Verkehrsluftfahrt klimaneutral werden will

https://www.iairgroup.com/en/sustainability

https://www.gov.uk/government/news/worlds-first-net-zero-transatlantic-flight-to-fly-from-london-in-2023

https://www.airliners.de/lufthansa-kritisiert-klimaplaene-eu/67049

https://mediacentre.britishairways.com/news/26102022/british-airways-partners-with-chooose-to-offer-new-platform-for-customers-to-calculate-carbon-emissions-and-address-their-climate-impact

https://news.aa.com/news/news-details/2021/American-Airlines-Commits-to-Setting-Science-Based-Target-for-Reducing-Greenhouse-Gas-Emissions-CORP-OTH-07/default.aspx

https://ec.europa.eu/info/publications/factsheets-european-green-deal_de

https://climeworks.com/direct-air-capture

https://www.transportenvironment.org/discover/why-airline-net-zero-commitments-arent-green-at-all/

https://www.transportenvironment.org/discover/un-body-icao-hails-empty-goal-and-cheap-offsetting-scheme-to-green-aviation/

https://www.transportenvironment.org/discover/revealed-unpublished-eu-analysis-scathing-airline-co2-deal/

https://www.transportenvironment.org/wp-content/uploads/2021/07/2021_03_Briefing_Corsia_EU_assessement_2021.pdf

https://www.transportenvironment.org/discover/europe-gets-one-step-closer-to-a-green-flight/

https://www.iata.org/en/programs/environment/flynetzero/

https://www.iata.org/en/pressroom/pressroom-archive/2021-releases/2021-10-04-03/

https://aeroreport.de/de/innovation/null-emissionen-technologie-agenda-clean-air-engine-claire

https://www.energiezukunft.eu/mobilitaet/die-giganten-zu-wasser-und-in-der-luft-dekarbonisieren/

https://zenodo.org/record/5919014#.Y4NI3_GZPUI (Prof. Scholz)

http://www.profscholz.de/

https://www.haw-hamburg.de/detail/news/news/show/luftfahrt-klimawandel-und-zero-emission

https://www.fzt.haw-hamburg.de/pers/Scholz/klima/Easyjet-2022-09-26_Roadmap.pdf

https://www.iso.org/obp/ui/en/#iso:std:iso:iwa:42:ed-1:v1:en

https://netzeroclimate.org/iso-net-zero-guidelines/

https://netzeroclimate.org/

https://www.icao.int/Newsroom/Pages/States-adopts-netzero-2050-aspirational-goal-for-international-flight-operations.aspx

https://www.airliners.de/icao-luftverkehr-2050-co2-neutral-gestalten/66451

https://business.edf.org/insights/2020-the-year-of-net-zero-talk-2021-the-year-of-action/

https://business.edf.org/insights/saba/

https://missionpossiblepartnership.org/resources/

https://www.greenairnews.com/?p=3347&utm_source=rss&utm_medium=rss&utm_campaign=achieving-net-zero-aviation-will-cost-175bn-per-year-until-2050-and-immediate-action-this-decade-says-report

https://www.destination2050.eu/wp-content/uploads/2021/02/Destination2050_ExecutiveSummary_Commitments-1.pdf

https://www.rnd.de/reise/klimaschutz-im-flugverkehr-co2-neutrales-fliegen-ist-nicht-gleich-klimafreundlich-ECBCGPGZ7JDHVDPAFIBWWQJRDI.html

https://mediacentre.easyjet.com/story/15575/easyjet-publishes-sbti-aligned-net-zero-roadmap-to-2050-as-partner-rolls-royce-makes-final-preparations-for-first-hydrogen-engine-tests

https://mediacentre.easyjet.com/story/15581/easyjet-reveals-roadmap-to-achieve-net-zero-by-2050-as-new-research-from-airline-finds-that-over-3-4-of-brits-76-think-that-companies-need-to-urgently-set-out-how-they-will-achieve-net-zero

https://www.sueddeutsche.de/wirtschaft/atmosfair-flug-kompensieren-1.4459405

https://www.airliners.de/mit-bedacht-reisen-die-kompensation-fluegen/53965?utm_campaign=readmore&utm_medium=articlebox&utm_source=air

https://www.airliners.de/ueber-co2-kompensation-luftfahrt-co2-offsetting/54067

https://www.klimaschutz-portal.aero/co2-kompensieren/corsia/

https://www.klimaschutz-portal.aero/co2-kompensieren/

https://www.airliners.de/eu-parlament-eu-ets-deutlich-verschaerfen/65079

https://www.transportenvironment.org/discover/political-divisions-in-parliament-delay-expansion-of-eu-carbon-market/

https://www.atmosfair.de/de/kritik-an-corsia-dem-kompensationssystem-der-luftfahrtindustrie/

https://www.transportenvironment.org/discover/unver%C3%B6ffentlichte-eu-analyse-%C3%BCbt-heftige-kritik-am-co2-deal-der-fluggesellschaften/

https://www.ey.com/de_de/decarbonization/freiwilliger-markt-fuer-co2-kompensation-im-umbruch

https://wupperinst.org/a/wi/a/s/ad/7854

https://ndc-aspects.eu/about-project/project-summary

https://ndc-aspects.eu/about-project/project-consortium

https://www.edit-magazin.de/co2-kompensation-gewissensbisse-im-gepaeck.html

SAF(t) für die Maschinen

Daniel Busk, Markus Feth, Lene Strauß: Sustainable Aviation Fuel – Der (Klima-) Retter der Luftfahrt?, KfW, 2021

https://www.wupperinst.org/MENA-Fuels/

ACI, Airports Council International , "Sustainable Energy Sources for Aviation: An Airport Perspective," ACI, https://store.aci.aero/product/sustainable-energy-sources-for-aviation-an-airport-perspective/

Aerospace Technology Institute (ATI), "Destination Zero: The Technology Journey to 2050 - ATI 2022 technology strategy," ATI, https://www.ati.org.uk/wp-content/uploads/2022/04/ATI-Tech-Strategy-2022-Destination-Zero.pdf

A. Blanshard, M. McCurdy, A. Reid-Kay and S. Chokhani, "Fueling Net Zero, How the aviation industry can deploy sufficient sustainable aviation fuel to meet climate ambitions. An ICF report for ATAG Waypoint 2050,"

https://www.icao.int/environmental-protection/CORSIA/Documents/ICAO%20document%2005%20-%20Sustainability%20

Criteria%20-%20November%202021.pdf

https://aviationbenefits.org/media/167187/w2050_full.pdf

https://united.mediaroom.com/2022-03- 29-Turning-Carbon-Dioxide-into-Sustainable-Fuel-United-and-Oxy-Low-Carbon-Ventures-Announce-Collaboration-with-Biotech-Firm-to-Create-New-Fuel-Sources

https://skynrg.com/knowledge-center/

https://www.airliners.de/lufthansa-group-oeko-sprit-san-francisco/53246

https://www.transportenvironment.org/discover/time-to-fix-europes-dumbest-climate-policy/

https://www.dlr.de/content/de/artikel/news/2022/04/20221117_neues-verfahren-fuer-nachhaltiges-kerosin-aus-methanol.html

https://www.prometheusfuels.com/news/our-e-fuel-pathway-debuts-in-major-report

https://www.prometheusfuels.com/technology

Grüner Wasserstoff – Treibstoff für die Zukunft

Interview mit André Thess, Institut für Technische Thermodynamik, DLR, Stuttgart, November 2022

Interview mit Scott Coughlan, Alaska Airlines, Oktober 2022

https://www.irena.org/publications/2019/Sep/Hydrogen-A-renewable-energy-perspective

https://auroraer.com/media/green-hydrogen-production-at-2-eur-kg-in-europe/

https://www.deutsches-klima-konsortium.de/de/klimafaq-8-1.html

https://aeroreport.de/de/innovation/wie-wasserstoffantriebe-auf-das-klima-wirken

https://www.finanzen.net/nachricht/rohstoffe/umweltschutz-wasserstoff-kann-laut-studie-um-laengen-klimaschaedlicher-sein-als-co2-11251376

https://www.dvz.de/dossiers/nachhaltigkeit-dossier/detail/news/fliegen-mit-wasserstoff.html

https://www.bmwk.de/Navigation/DE/Wasserstoff/wasserstoffstrategie.html

https://www.wasserstoff-kompass.de/news-media/news/pm-wasserstoffhochlauf

https://www.airliners.de/american-airlines-50-regionaljets-wasserstoffelektroflugzeugen-umbauen/65792?utm_campaign=readmore&utm_medium=articlebox&utm_source=air

https://www.airliners.de/zeroavia-textron-entwickeln-wasserstoff-elektroantrieb-cessna-grand-caravan/66369

https://www.h2fly.de/newsroom

https://www.airbus.com/en/newsroom/stories/2022-11-could-hydrogen-fuel-cell-systems-be-the-solution-for-emission-free

https://www.airbus.com/en/newsroom/press-releases/2022-11-airbus-reveals-hydrogen-powered-zero-emission-engine

https://www.bbc.com/future/article/202211

22-should-we-get-rid-of-air-miles-for-climate-change

https://www.bbc.com/news/business-63758937

https://aeroreport.de/de/good-to-know/kurz-erklaert-so-funktioniert-das-wet-konzept

Airbus: Hydrogen – An energy carrier to fuel the climate-neutral aviation of tomorrow, 2021

https://www.airbus.com/en/newsroom/stories/2022-02-the-zeroe-demonstrator-has-arrived

https://www.airbus.com/en/newsroom/news/2022-09-solar-power-beams-a-step-towards-cleaner-energy

Jay Kapat and Marcel Otto: Ammonia as a Liquid for the Future of Aviation, NASA, November 2022

Andrew Cai, Zoe Rozario: Direct Ammonia Fuel Cells, in: Johnson Matthey Technology Review, Juli 2022, https://doi.org/10.1595/205651322X16584143272416

Was leisten Elektroflugzeuge – und was nicht?

https://skiesmag.com/news/are-electric-aircraft-really-sustainable-and-feasible/

https://www.rollingstone.com/culture/culture-features/electric-airplanes-climate-change-solar-power-1323576/

https://www.technologyreview.com/2022/08/17/1058013/electric-planes-taking-off-challenges/

https://green.simpliflying.com/anders-forslund-ceo-heart-aerospace-in-conversation-with-shashank-nigam/

https://www.rolandberger.com/de/Insights/Global-Topics/Electric-Propulsion/

https://www.ft.com/content/a9dc81d2-725e-11e9-bf5c-6eeb837566c5

https://www.rolandberger.com/en/Insights/Publications/New-developments-in-aircraft-electrical-propulsion.html

www.simpleflying.com

www.flightglobal.com

- Interview mit Björn Nagel, DLR, November 2022
- Interview mit Lars Enghardt, DLR, Dezember 2022

Nachhaltige Flugzeuge der Zukunft

https://www.bauhaus-luftfahrt.net/de/topthemen/hy-shair

- Interview mit Björn Nagel, DLR, November 2022

https://www.tudelft.nl/en/ae/flying-v/

- Webcast TU Delft 1. September 2020

https://www.nationalgeographic.com/magazine/graphics/take-a-look-inside-the-flying-v-feature

https://embraercommercialaviationsustainability.com/concepts/#energia

Was Airlines und Passagiere für klimaneutrales Fliegen tun können

https://www.faz.net/aktuell/wirtschaft/unternehmen/easyjet-managerin-verbot-kurzer-fluege-setzt-falschen-fokus-18572048.html

https://de.stay-grounded.org/austrian-airlines-misleads-consumers-about-co%E2%82%82-neutral-flying-austrian-advertising-watchdog-rules/

https://www.flightglobal.com/safety/a350s-operate-transatlantic-formation-flight-to-test-potential-for-cutting-fuel-burn/146301.article

https://www.cnbc.com/2022/05/24/climate-airline-giant-klm-to-face-legal-action-over-greenwashing.html

https://skift.com/2022/02/11/flyers-not-willing-to-pay-extra-for-green-travel-on-airlines-new-study/

https://edition.cnn.com/cnn-underscored/travel/sustainable-airlines-2022

https://www.aero.de/news-43482/Lufthansa-will-weiter-Ueberzeugungsarbeit-leisten.html

https://apex.aero/articles/hi-fly-course-fleet-wide-plastic-free-flights/

https://www.abc.net.au/news/2018-08-21/plastic-waste-created-in-plane-cabin-no-easy-solution/10117576

https://compensaid.com/de/faq

Nachhaltig bis zum Schluss – Flugzeug Recycling

https://www.wsj.com/articles/planes-grounded-by-covid-19-largely-avoid-the-junkyardfor-now-11622799001

https://www.thenationalnews.com/business/aviation/2021/08/29/aircraft-recycling-to-boom-as-covid-19-pandemic-forces-airlines-to-retire-jets/

https://aeroreport.de/de/good-to-know/flugzeugrecycling-schatzkaestchen-mit-fluegeln

https://boomsupersonic.com/flyby/post/from-design-to-decommissioning-planning-for-end-of-life-aircraft-recycling

https://www.airliners.de/flugzeugbau-zukunft-46-produktlebenszyklus-flugzeugs-endet-ausflottung/63863

https://www.aerotelegraph.com/wo-airbus-a319-von-germanwings-und-andere-jets-auf-ihr-ende-warten

Interview mit Gerko Wende, DLR, Dezember 2022

https://www.worldshop.eu/de/aviation/lufthansa-upcycling-collection/

https://www.gen2carbon.com/sectors/commercial-aerospace/

https://www.vivis.de/wp-content/uploads/RuR7/2014_RuR_177_188_Woidasky

WEITERE INTERESSANTE

Zukunftsperspektiven der Verkehrsluftfahrt

Wie es nach der Krise weitergehen kann

Die globale Verkehrsluftfahrt hat seit 2020 einen Einbruch historischen Ausmaßes erlebt. Ganze Flotten blieben am Boden und wurden ausgemustert; Beschäftigte wussten nicht, wie es weitergeht. Klar ist: In naher Zukunft wird die Verkehrsfliegerei ihre alten Zahlen nicht wieder erreichen. Hier liegt auch eine Chance: Die Luftfahrt muss sich neu erfinden; neue Konzepte müssen erdacht werden. Kleinere Flotten, alternative Antriebe und Treibstoffe für weniger Schadstoffausstoß und vieles mehr. Luftfahrt-Experte Andreas Spaeth liefert hier einen topaktuellen Band zu einem Thema, das die Luftfahrt noch lange beschäftigen wird.

152 Seiten, 50 Abbildungen, Format 170 × 240 mm
ISBN 978-3-613-04387-9
€ 29,90 / € (A) 30,80

Die spektakulärsten Flugunfälle

Fakten – Hintergründe – Konsequenzen

Fliegen gilt als eine der sichersten Fortbewegungsarten überhaupt, wenn allerdings etwas passiert, dann sind die Resultate bei einem Unfall meist fatal und mitunter äußerst spektakulär. In diesem Buch gibt der ehemalige Fluglotse und Luftfahrtexperte Andreas Fecker einen umfassenden Überblick über die unglaublichsten Flugunfälle der letzten 75 Jahre. Dabei kommen Ursachen, Flugzeugtypen, Opferzahlen und Begleitumstände, aber auch die daraus zu ziehenden Lehren zur Sprache. Ein Band von höchster Aktualität!

224 Seiten, 150 Abbildungen, Format 170 × 240 mm
ISBN 978-3-613-04222-3
€ 29,90 / € (A) 30,80